이것은 죽음의 목록이 아니어야 한다

동강 댐 건설을 반대하며 쓴 최승호 시인의 「이것은 죽음의 목록이 아니다」라는 시에는 댐을 건설하면 사라질지 모를 동식물의 이름이 끝 모르게 달려 있다. "수달 멧돼지 오소리 너구리 …… 왕고들빼기 이고들빼기 고들빼기."

조엘 사토리의 『포토 아크』에는 머지않아 우리 곁을 떠날 차비를 하는 동물들의 영정 사진이 줄줄이 걸려 있다. "말레이호랑이 붉은꼬리원숭이 안데스콘도르 …… 훔볼트펭귄 포사 삼색다람쥐." 노아의 방주에는 그나마 살아 움직이는 동물들이 한 쌍씩 올라탔건만 사토리의 방주에는 사진들만 덩그러니 매달렸다. 영정 사진은 눈이 중심이다. 사토리의 동물 영정 사진을 바라보며 그 별처럼 영롱한 눈동자들에게 작별 인사를 해 보시라. 차마 말을 잇지 못할 것이다.

지구의 역사에는 적어도 다섯 차례의 대절멸(mass extinction) 사건이 있었고 지금 제6의 대절멸이 진행되고 있다. 지난 다섯 번의 대절멸은 모두 천재지변으로 인해 벌어졌지만 이번 대절멸은 다르다. 지구에 가장 막둥이로 태어난 철없는 영장류 한 종이 저지르는 일이다. 다 끝나고 나면 역대 최대 규모가 될 것이란다. 아무리 생각해도 이것은 아닌 것 같다. 어떻게든 멈추어야 한다. '포토 아크'에 인간 영정 사진이 걸리기 전에.

—최재천(이화 여자 대학교 에코 과학부 석좌 교수)

방주가 없다면 인간도 없다

우리는 인류세라는 여섯 번째 대멸종기에 살고 있다. 화석으로 확인하는 것보다 수천 배 빠른 속도로 생물들이 멸종하는 시대이다. 지금과 같은 추세라면 앞으로 100년 안에 지구 생물 가운데 절반이 멸종할 것이다. 우리 인류가 지구 역사상 가장 빠른 생명 멸종의 현장을 몸소 체험하고 있다는 뜻이다.

이대로 두면 지구에서 사라지고 말 동물들을 위한 초상화라도 남겨 놓아야 하지 않을까? 조엘 사토리가 그 일을 했다. 그는 우리가 오직 동물에만 집중할 수 있도록 배경 없는 동물 사진을 찍었다. 그리고 사진을 모아 '포토 아크', 즉 사진 방주(方舟)라고 이름 지었다.

우리는 방주 밖으로 날려 보낸 비둘기가 나뭇잎을 물고 오기만을 기다릴 수는 없다. 지구 자체를 안전한 거대한 방주로 만들어야 한다. 방주가 없으면 노아도 없다. 방주에 실린 동물들이 없으면 우리 인류도 없다. 책에는 말미잘에서 영장류에 이르기까지 다양한 생명들의 초상화가 실려 있다. 초상화를 보고 연민을 느낀다면, 그리고 그들의 표정에서 우리 자신을 발견한다면 우리는 이미 방주를 함께 짓고 있는 것이다.

—이정모(국립 과천 과학관 관장)

한 배를 탄 운명 공동체로서

어릴 적 동물을 방주에 태워 구한 이야기는 내게 깊은 위안과 믿음을 주었다. 아, 사람들은 동물 하나하나를 잊지 않고 저렇게 헤아리는구나. 그렇다면 괜찮은 세상이라고 스스로를 안심시켰다. 어렸어도 그것이 만들어진 이야기임을 알았지만, 정말로 그런 세상이 오리라고는 상상도 못 했다.

지금 우리는 대멸종의 한가운데에 있다. '포토 아크'에 탑승한 이 모든 생명, 한 배를 탄 운명 공동체로서 끝까지 함께 항해해야 한다.

—김산하(생명 다양성 재단 사무국장)

자이언트판다(giant panda, *Ailuropoda melanoleuca*, VU) 새끼들

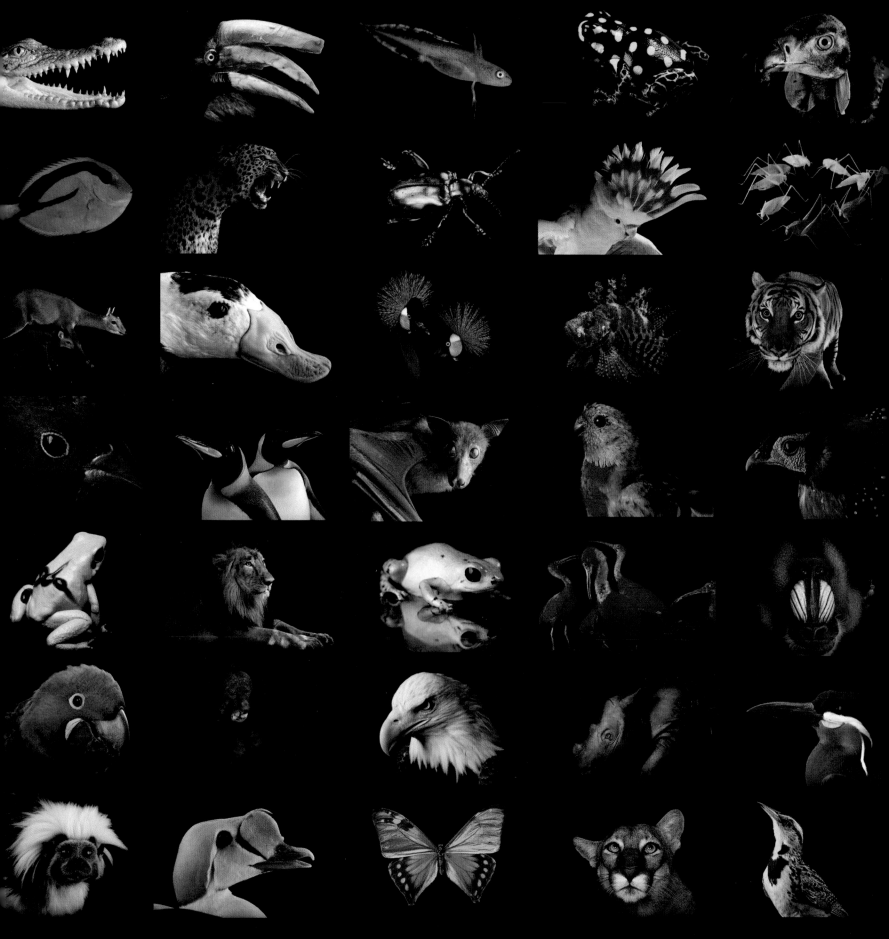

NATIONAL GEOGRAPHIC

The Photo Ark

포토 아크

사진으로 엮은 생명의 방주

조엘 사토리

글·사진

권기호

옮김

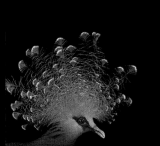

사이언스
SCIENCE 북스
BOOKS

말레이호랑이(Malayan tiger, *Panthera tigris jacksoni*, CR)

차례

키타이론네발나비(blue-spotted Charaxes butterfly, *Charaxes cithaeron*, NE)

서문: 생명의 응시

해리슨 포드 Harrison Ford

국제 보전 협회(Conservation International) 이사회 부회장

이 책을 선택한 여러분에게 역사상 지금이 바로 멸종 위기의 시대임을 알려 줄 필요는 없을 것 같다. 공룡 멸종 이후 그 어느 때보다 빨리 우리 행성에서 생물들이 사라져 가고 있다는 사실을 여러분은 알고 있다. 그래도 멸종 위기가 우리에게 의미하는 바를 되새겨 보는 것은 가치 있는 일이다.

어쩌면 여러분도 나처럼 호랑이, 나비, 해달, 코뿔소 같은 야생 동물의 고유한 가치를 느끼는 데서 자연에 대한 사랑이 시작되었을지 모른다. 그들이 없는 세상은 상상도 하고 싶지 않다. 하지만 우리는 그런 세상에 대해 상상해야 한다. 그런 상상이 실현되는 것이 냉혹한 현실이기 때문이다. 단순한 자연 보호로는 해결할 수 없는 문제들이 무수히 일어나고 있는 현실을 생명 보전에 관심 있는 이들은 더 깊이 이해하게 되었다.

생태학자 에드워드 오스본 윌슨(Edward Osborne Wilson)은 "우리가 강한 의무감을 갖고 다른 생물들을 보존하지 않으면, 우리가 모든 것을 의존하고 있는 이 진화의 터전을 파괴해 우리 스스로를 위험에 빠뜨릴 것이다."라고 썼다.

생태계는 생물 종이 사라지면 변한다. 꽃가루 매개 생물을 없애면 수확량이 줄어들고, 포식 동물들을 몰살시키고 나면 먹이 사슬이 무너진다. 원숭이, 새, 거북을 숲에서 제거하면 나무도 숲에서 사라지기 시작한다. 씨앗을 흩뿌리고 싹틔우는 일을 돕던 그들이 사라지면 공기와 물을 정화하면서 기후의 균형을 잡아 주는 나무가 생장에 어려움을 겪게 되는 것이다. 우리 행성의 숲과 바다, 습지와 사바나는 이 책에 등장하는 동물들만의 서식지가 아니다. 그곳은 우리와 그들의 공동 안식처이기도 하다.

물, 식량, 그리고 우리가 숨 쉬는 공기, 토양 비옥도, 기후 안정성 등 이 모든 것은 무수한 종의 복잡한 상호 작용에 따라 달라진다. 자연을 태피스트리(장식용 벽걸이 직조물)라고 한다면 각 종은 한 가닥 한 가닥의 실이라고 할 수 있다. 어느 실이 전체와 어떻게 얽혀 있는지는 알 길이 없다. 실이 한 가닥 뽑혀 나올 때마다 태피스트리는 점점 풀려 흩어진다.

조엘 사토리의 『포토 아크(Photo Ark)』는 자연이라는 태피스트리를 이루는 각 실에 초점을 맞추고 있다. 이 책의 사진들은 우리 행성에 존재하는 동물 종의 어마어마한 다양성을 포착하고 있다. 종 다양성(species diversity)은 생태계 회복의 열쇠이며, 자연계가 수많은 변화를 견뎌 낼 수 있게 돕는다. 전 세계적인 삼림 파괴, 해양 산성화, 지구 온난화 같은 엄청난 충격이 닥쳤지만 놀랍게도 자연은 적응력을 발휘하고 있다.

사토리의 작업이 중요한 것은 우리로 하여금 실 한 가닥 한 가닥에 관심을 갖도록 하기 때문이다. 그의 피사체는 우리를 똑바로 바라본다. 우리의 시선을 끌고 우리의 마음을 끌어당긴다. 우리를 웃게 하고 한숨짓게 하고 걱정하게 한다. 우리는 그들의 초상에서 그들과 우리 사이의 손에 잡힐 듯한 유대감을 느낀다. 각 사진은 각 동물의 존재를 실감하게 할 뿐 아니라, 바라건대, 각 동물의 멸종도 실감하게 한다.

인간은 많은 동물 종 가운데 하나일 뿐이다. 이 책에 초상이 실린 동물들과 달리 우리에게는 멸종의 궤도를 바꿀 능력이 있다. 자연이 지구 동물상의 구성이 어떻게 바뀌든 상관없이 존속하리라는 것은 엄연한 사실이다. 자연은 굳이 인간의 번성을 필요로 하지 않는다. 그러나 우리는 조엘 사토리가 그랬던 것처럼 동물 종 하나하나를 눈여겨보기 시작하면 변화를 일으킬 수 있다.

생물 다양성(biodiversity)을 보존하는 일은 궁극적으로 우리 자신을 구하는 일이다. 사토리가 만든 '사진으로 엮은 생명의 방주' 속 동물들과 우리는 한 배를 타고 있다. ◆

10쪽 | **오랑우탄 잡종**(보르네오×수마트라, *Pongo pygmaeus × abelii*)**인 양모(養母)와 함께 있는 보르네오오랑우탄**(Bornean orangutan, *Pongo pygmaeus*, CR)

카리브해바다소(Antillean manatee, *Trichechus manatus manatus*, EN)

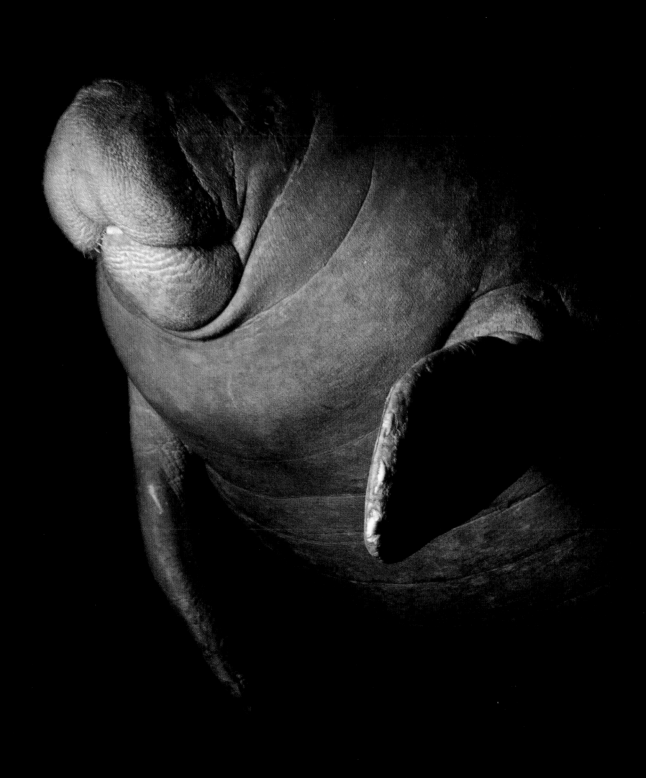

무지개보아뱀(Brazilian rainbow boa, *Epicrates cenchria*, NE)

15

서문: 우리, 지구 생물들

더글러스 채드윅 Douglas Chadwick

어느 나선 은하의 나선 팔 위에 작은 별 하나가 있다. 그 별 주위를 너무 뜨겁지도 너무 차갑지도 않은 갈색과 초록색과 푸른 물빛이 어우러진 천체가 약 1억 5000만 킬로미터 떨어진 곳에서 돌고 있다. 그 천체에는 우리가 아는 모든, 그리고 유일한 생명체들이 살고 있다. 맥박이 뛰고 꿈틀꿈틀 기어가고 싹을 틔우고 헤엄치고 성큼성큼 달리고 빛을 내고 무리를 짓고 돌연변이를 일으키고 날아다니고 털갈이나 탈피를 하고 구애를 하고 가지를 치고 계절 따라 이동하고 짝짓기를 하며 덩치·형태·색조를 부풀리거나 수적으로 많아 보이려고 깃털을 활짝 펼치면서, 생명체들은 중심부에 액체 핵을 품고 있는 무기질 천체의 메마른 표면을 비옥하게 만들고 있다. 생명체들은 천체의 대기에 산소를 공급한다. 그들은 이미 오랫동안 그래 왔듯이 우리를 먹여살리고 우리의 감각과 정신에 자극과 영감을 주었다. 인류는 그들 없이는 존재할 수 없었다. 생물의 다양성을 보면 그들이 이 천체에서 지금까지 어떻게 살아남았을까 하는 의문에 대한 답을 알 수 있다. 그들은 다 함께 지구를 생명의 행성으로 만든다.

우주 어딘가에 이런 세계가 또 있을까? 어쩌면 있을 수 있다. 하지만 나는 다른 어떤 세계에도 에인절피시(angelfish, *Pterophyllum scalare*)와 라텔(honey badger, *Mellivora capensis*, LC)이 있을 것이라 생각하지 않는다. 우거진 수풀에 숨어 번개처럼 움직이는 호랑이도 있을 것 같지 않다. 여러분의 손에 들린 것과 같은 책을 읽는, 두 발로 걷는 영장류도 있을 것 같지 않다. 여러분은 외계인이 존재한다면 어떤 형태일 것이라 생각하는가? 커다랗고 둥그런 머리에 촉수가 달려 있고 기분에 따라 색이 변하고 미끄러지듯 스르르 움직이는 기괴한 모습일까? 눈송이의 기하 구조를 한 젤라틴 같은 형체일까? 잠깐. 우리가 살아가는 행성에는 이 모든 묘사에 들어맞는 동물들이 있다. 문어, 사회성 곤충(벌, 개미 등), 성게 유생이 그러하고, 그보다 더 기괴한 다른 동물들도 있다. 우리가 아직도 그 습성을 전혀 알지 못하는 온갖 종류의 지구 생물이 있는가 하면, 아직 발견조차 하지 못한 지구 생물은 그보다 더 많다. 우리는 상상의 한계를 넘어서는 생물을 찾으러 가려고 로켓을 쏘아 올릴 필요가 없다.

우리가 살아가는 이 행성을 얼마나 많은 종이 공유하고 있는지 전문가들에게 물어보라. 그러면 아마 수백만 종 내지 수천만 종으로 추정된다는 답변을 들을 것이다. 추정치의 차이가 크다는 것은 곧 지구 거주자들의 압도적 다수가, 그냥 작아서 찾기 어려운 정도가 아니라 맨눈에 전혀 보이지도 않는다는 사실을 의미한다. 다수의 원생동물, 균류, 세균, 그리고 그보다 훨씬 더 오래된 단세포 생물 집단인 고세균(Archaea)은 뒷마당 흙 속에 묻혀 있고, 수 킬로미터 깊이의 땅속 암석층에 갇혀 있고, 넓은 바다의 차갑고 캄캄한 해구에서 군체를 이루고 있고, 열대 다우림의 우듬지 높은 곳에 숨어 있고, 성층권 기류를 타고 떠다니고 있어서 사실상 연구자들이 찾는 곳 어디에나 있다. 수조 개의 인간 세포로 이루어져 있는 우리 몸에도 그와 비슷하거나 훨씬 더 많은 미생물이 살고 있다. 그 미생물들은 수천 종이나 되고, 그중 상당수는 소화를 돕는 등 신체 건강을 지키는 데 중요한 역할을 한다. 여러분은 자신을 자연 친화적 존재로 생각해 본 적이 없을지 모른다. 아니다. 크게 신경 쓸 바는 아니지만, 자연은 언제나 진지하게 인간 친화적이다. 여러분은 아주 작은 야생 생물로 가득 찬, 걷고 말하는 생태계이다.

우리는 보통 자연을 생각할 때 마음속에 큼직한 야생 생물, 즉 쉽게 볼 수 있거나 놀라움을 자아내는 식물과 동물을 그린다. 30만 종의 식물이 지구에서 자라고 있다. 식물학자들은 이미 그 가운데 3분의 2 이상의 식물을 명명하고 분류했다. 한편 동물학자들은 약 120만 종의 동물을 확인했는데, 이 숫자는 새 발의 피로 여겨진다. 지금까지 확인된 종의 95퍼센트 이상은 무척추동물, 주로 곤충이다.

16쪽 | 인도코뿔소(Indian rhinoceros, *Rhinoceros unicornis*, VU) **성체와 어린 개체**

온갖 종류의 척추동물, 즉 어류 약 3만 종과 양서류 6,000종, 파충류 8,250종, 조류 1만 종, 포유류 5,420종을 모두 합하면 6만 종에 조금 못 미친다. 이는 지구의 생물 스펙트럼에서 극히 얇은 조각에 지나지 않는다. 딱정벌레 하나만 해도 35만 종이나 된다. 하지만 우리 대부분에게 보이는 것은 주로 척추동물이다. 척추동물은 본래 우리의 관심을 강하게 끌게 마련이다. 그들의 신체 특성과 행동 특성이 우리와 꽤 유사하기 때문이다. 무엇보다 우리는 유전자가 어류와 70퍼센트 이상, 늑대나 야생 낙타 같은 종류와 80퍼센트 이상 일치한다. 때로는 친근하고, 때로는 사납고, 때로는 알 수 없는 매력을 발산하는 그들은 우리처럼 척추가 있는 동족이다. 크게 보면 같은 부류이고 우리 자신이나 다름없다. 나는 미증유의 시대를 사는 우리의 미래를 걱정하듯 그들의 미래를 걱정한다. 그들의 다른 삶을 깊이 이해하려 하면서 나는 그들의 주요 서식지를 찾아가는 데 삶의 많은 부분을 할애했다. 그곳은 야생에 가까울수록 더 나았다.

나는 미국인과 아카 피그미 족으로 이루어진 소규모 탐험대와 함께 몇 주 동안 아프리카 심장부의 저지대 열대 원시림을 가로질러 걸어간 적이 있다. 그곳은 우리를 통째로 삼킬 것 같았다. 거대한 벽 같은 나무들이 끝없이 늘어서서 사방으로 우뚝 솟아 있었고, 그 나무들의 잎으로 이루어진 덮개가 우리 위의 하늘을 완전히 가려 버렸다. 실제로는 (그 상층목 아래) 하층목의 모든 가지에 잎이 더 무성했다. 지표면은 온통 지의류나 이끼로 뒤덮여 있었고, 사방 곳곳 어디에나 거미와 파리, 반짝거리는 딱정벌레, 개미, 그리고 다른 많은(그중 상당수는 이름이 없다.) 생물이 있었다. 그런데 이름 없는 생물은 워낙 많아서, 하늘을 가린 잎이 다 사라져도 그 거대한 규모가 드러날까 말까다. 둥근귀코끼리(African forest elephant, *Loxodonta cyclotis*, VU)는 2010년까지 아프리카코끼리(African savanna elephant, *Loxodonta*

africana, VU)와 다른 종으로 여겨지지 않았다. 이런 혼동 때문에 붉은물소(African forest buffalo, *Syncerus caffer nanus*, LC)도 제대로 인식되지 못했다. 봉고(bongo, *Tragelaphus eurycerus*, NT)라고 불린 줄무늬영양, 다이커(duiker)로 알려진 중소형 영양의 여러 종류, 송곳니사슴(fanged deer)이라고도 불리는 물아기사슴(water chevrotain, *Hyemoschus aquaticus*, LC), 소형 악어, 코뿔소살무사(rhinoceros viper, *Bitis nasicornis*, LC), 표범, 호저, 아프리카민발톱수달(Cape clawless otter, *Aonyx capensis*, NT) 등도 그러했다. 넓게 펼쳐진 콩고 분지에 사는 야생 동물의 전체 목록이 언제나 작성될지 요원하다.

가장 가까운 인간 거주지라고 해도 아주 멀리 있었지만, 그곳에는 우리와 가까운 온갖 종류의 친족이 사방에 있었다. 원숭이 일곱 종류가 머리 위 높은 가지에서 이리 뛰고 저리 뛰었다. 우리와 최소 96퍼센트의 유전자를 공유하는 고릴라와 침팬지는 우리를 만나러 지면 가까이 내려왔다. 우리는 그곳의 영장류들이 만난 최초의 호모 사피엔스(*Homo sapiens*)인 듯했다. 꽤나 긴 시간 동안 떠나지 못하고 우물쭈물 망설이던 침팬지들을 나는 아직도 기억한다. 그들은 더 가까이 오고 싶은 마음을 억누를 수 없었던 듯하다. 우리의 눈만큼이나 그들의 눈도 호기심으로 반짝였다.

몇 년 후, 나는 해양 생물학자들과 함께 배를 타고 남극에 가까운 외딴 군도인 오클랜드 제도로 떠났다. 고지대는 새로 내린 눈으로 하얬다. 하지만 해안가의 안전 지대에는 졸참나무 숲이 우거져 있었고, 붉은이마앵무(red-crowned parakeet, *Cyanoramphus novaezelandiae*, LC)와 노란이마앵무(yellow-crowned parakeet, *Cyanoramphus auriceps*, NT)가 나뭇가지를 화려하게 장식하고 있었다. 오클랜드에서만 자라는 거대한 풀은 아래쪽 언덕을 완전히 뒤덮고 있었다. 수북한 풀밭 위에서도 단연 돋보이는 남방로열앨버트로스(southern royal albatross, *Diomedea epomophora*, VU) 새끼들은, 폭이 3미터나 되는 날개로 활공하는 부모가 먼 바다로 나가 물고기를 잡아 돌아오기를 기다리고 있었다. 대형 육지 포식 동물이 없기 때문에 뉴질랜드바다사자는 간혹 해안 무리에서 벗어나 육지로 기어 올라가 경사지에서 물갈퀴를 이용해 배밀이 미끄럼을 타기도 했다. 만(灣)에서 멀리 떨어진 바다에서는 슴새(shearwater)가 수면 위 기류를 타고 떠다니는 동안 그 아래 물속을 희귀한 노란눈펭귄(yellow-eyed penguin, *Megadyptes antipodes*, EN)이 날아다녔다.

그곳은 머나먼 정글처럼 생기 차게 느껴졌다. 바다가 잔잔할 때조차 우리는 큰 파도가 부서지는 듯한 소리를 들었다. 그것은 거대한 짐승의 숨소리였다. 남방긴수염고래(southern right whale, *Eubalaena australis*, LC) 수백 마리가 겨울을 나려고 남극을 떠나 이 작은 섬들로 모여들었다. 그들은 수면 위로 날아올라 빙그르르 돌면서 둥그렇고 거대한 지느러미로 수면을 철썩 때렸다. 그러고는 멋들어진 노래를 불러 댔는데, 그 노래를 왜 부르는지는 고래들만 알았다. 콩고 영장류들처럼 고래들도 우리가 그들에게 보인 것만큼 우리에게 호기심을 보여서 종종 우리의 작은 보트까지 다가왔다. 내가 잠수복을 입고 물속으로 뛰어들자마자 고래 세 마리가 내 옆에 나타났다. 대장 고래의 찻잔 접시만 한 눈이 손이 닿을락 말락 한 거리에서 나를 위아래로 면밀히 살피며 지나갔다. 그리고 나서 어느 고래의 배가 내 머리 위에 얹히듯 다가왔다. 80톤까지 자라는 이 바닷속 생물이 물속에서는 전혀 무겁지 않아서 무척 다행스러웠다. 이 고래는 입이 배의 화물창만큼 크지만 주로 바닷물을 걸러 작디작은 갑각류만 먹는다는 사실이 나에게는 천만다행이었다.

이런 곳에서 나는 잠시나마 내가 일찍이 생물학적으로 더 풍부했던 시대로 돌아간 듯한 기분을 느낄 수 있다. 하지만 나는 지금이 인류세(Anthropocene epoch)의 여명기임을 알고 있다. 인류세는 지구 역사의 최근 시기, 즉 호모 사피엔스라는 단일 종의 활동이 지질학적 변화의 힘과 더불어 지구적 규모로 환경을 변화시켜 온 유일한 시기를 일컫는 말로 제안

된 명칭이며, 이를 주장하는 과학자들이 점점 늘어나고 있다.

1866년 독일의 생물학자 에른스트 헤켈(Ernst Haeckel)이 생태학(ecology)이라는 용어를 만들었을 때 인구는 약 13억 명 수준이었다. 1970년 지구의 날(Earth Day)이 제정되었을 때 우리는 37억 명에 이르렀다. 이미 너무 많은 숫자여서 많은 이가 생물권의 건강을 걱정하는 경고의 목소리를 냈다. 그로부터 50년도 지나지 않아 우리는 2배로 늘어나 75억 명이 되었다. 그 결과, 우리를 제외한 다른 경이로운 생물들을 부양할 수 있는 공간과 자원이 줄어들고 있다. 자연 서식지가 그대로 남아 있는 곳들조차 상당수는 불법으로 야생 동물 또는 야생 동물 고기를 거래하거나 직접 잡아먹으려는 사냥꾼들 때문에 온갖 동물의 수가 급격히 감소하고 있다.

우리의 인구가 1970년과 2012년 사이에 2배가 되는 동안 지표면을 공유하는 자유로운 대형 동물의 개체수, 즉 대형 야생 동물의 총 개체수는 절반으로 줄었다. 오늘날 땅에 서식하는 척추동물의 바이오매스(biomass), 즉 생물량의 90퍼센트 이상은 인간과 가축이 차지하고 있다. 인간에게 길들지 않은 포유류는 덩치가 크다는 사실만으로도 위험해졌다. 생물량이 15킬로그램 이상인 모든 육식 동물 종의 59퍼센트와, 100킬로그램 이상인 모든 초식 동물의 60퍼센트는 이제 절멸 위협 목록에 올라 있다. 절멸 위협이나 위기에 처한 동물 종의 수는 해마다 증가하고 있다. 종이 완전히 사라지는 빈도도 높아지고 있다. 거기에 이제 기후 변화까지 더해 온실 기체 농도가 나날이 높아지고 있어서 야생 동물들이 더워진 환경에 적응하려 발버둥 치고 있다. 해양 산성화의 부작용에 노출되면서 그들은 이산화탄소를 더 많이 흡수하고 있다. 농업용 화학 물질과 산업용 독성 물질의 양이 증가하면서 담수와 염수의 오염도 급속히 심해지고 있다.

유감스러울 따름이지만 각설하고, 생명이 30억 년, 아니 어쩌면 40억 년 전에 출현한 이래 생물 종은 생겨났다가 갑자기 사라지고는 해 왔다.

멸종은 전에 없던 새로운 일이 아니다. 내가 설명하려고 하는 것은 인류세인 지금, 화석 기록으로 확인할 수 있는 과거의 평균보다 수천 배 높은 속도로 멸종이 일어나고 있는 이유이다. 현 추세가 지속된다면 우리 주변의 모든 생물 종 가운데 3분의 1, 양서류 같은 일부 생물군의 종은 절반이 21세기 말쯤 사라질 것이다.

때가 되면 이 멸종은 마치 느리게 연속해서 진행되는 재난처럼 드러날 것이다. 지질학적, 생태학적 시간 척도에서 보면 이 멸종은 갑자기 일어나는 눈사태와 같다. 혹은 쓰나미와도 같다. 완전히 사라질 희생자들 중에는 우리가 그 존재를 안 적도 없는 지구 생물이 수백만 종이나 있을 것이다. 기적적인 전환이 없다면 우리가 그리워하게 될 동물, 이를테면 우리 주변의 아주 흔하고 매력적이고 친구 같은 포유동물과 여타 척추동물, 똑똑한 동물, 아름다운 동물, 영민한 동물, 화려한 동물, 힘센 동물, 점 잖은 동물 수천 종이 모두 그 희생자들에 포함될 것이다. 우리 지구는 일종의 뇌졸중을 앓고 있는 셈이다. 터지기 전에는 모르지만 한번 터지면 걷잡을 수 없는 치명상을 입히는 질병 말이다.

하지만 우리가 만난 적도 없는 생명체에 깊은 관심을 갖기란 어려운 일이다. 나는 사람들이 선입견 없이 그런 동물을 더 많이 만날 기회, 실제로 볼 기회를 갖기를 간절히 바란다. 그래서 각각의 색과 곡선미, 그리고 생존 전략을 펼치기 위한 완벽한 구조를 보고 이해할 기회, 바람에 날려 모조리 꺼져 가는 생명의 불꽃을 목도할 기회, 그들의 길들지 않은 눈을 응시하고 그 눈에서 우리를 응시하는 시선을 느낌으로써 자연 공동체의 일원으로서 교감할 기회를 갖기를 바란다. 이렇게 할 수만 있다면, 우리는 그들이 그토록 많이 사라지지 않도록 우리가 할 수 있는 모든 일을 하려고 할 것이다. 나는 정말 그럴 것이라 믿는다. 더 주목할 점은, 조엘 사토리도 그럴 것이라 믿는다는 사실이다.

미국의 중심부에서 사진 기자로 일하던 신문사를 그만두고 나서 조엘은 《내셔널 지오그래픽》의 전속 사진가로 오랜 경력을 쌓았다. 시간이 지나면서 그는 자연사를 주제로 점점 더 많은 사진을 찍게 되었다. 그가 인물 사진에서 발휘했던 독창성과 날카로움이 동물 사진으로 이어졌다. 그런데 더는 주위에 존재하지 않을지 모를 야생 동물 종들을 직접 대면하지 않고 하는 이야기들이 인류세를 사는 우리의 가슴에 와 닿을 리 없다.

어릴 적 조엘은 마지막 여행비둘기(passenger pigeon, *Ectopistes migratorius*, EX)인 마사(Martha)의 사진을 보고 너무나 가슴이 아팠다. 마사는 1914년 신시내티 동물원(Cincinnati Zoo)의 새장 횃대에서 스러져 스물아홉 살에 숨을 거두었다. 한때 미국의 하늘을 뒤덮듯이 날아다녔던 수십억 마리의 최후를 알리는 가뭇없는 스러짐이었다. 그로부터 4년 후에는 마지막 캐롤라이나앵무(Carolina parakeet, *Conuropsis carolinensis*, EX)가 같은 새장에서 죽었다. 가뭇없이 스러졌다. 그로부터 80년이 지나 조엘은 자신이 컬럼비아 분지피그미토끼(Columbia Basin pygmy rabbit, 피그미토끼(pygmy rabbit, *Brachylagus idahoensis*, LC)의 격리된 개체군)나 중앙아메리카의 랩스프린지림드청개구리(Rabbs' fringe-limbed treefrog, *Ecnomiohyla rabborum*, CR)처럼 망각될 지경에 처한 생물의 사진을 찍고 있다는 것을 깨달았다. 그리고 전에 그가 그랬던 것처럼, 언젠가 그 사진들을 의아한 표정으로 뚫어질 듯 바라보던 한 아이가 고개를 들어 이렇게 물을 것만 같은 생각이 들었다. "엄마, 이 동물한테 무슨 일이 있었어요? 왜 영원히 사라져 버린 거죠?"

조엘은 나에게 말했다. "저는 절대 비관적으로 보지 않습니다. 암담해하지 않습니다. 탓하지도 않습니다. 저는 이 종들 가운데 일부가 살아 있는 것을 본 마지막 사람들 중 하나가 될 것이기에, 더 많은 사람들에게 최소한 이 종들이 어떻게 생겼는지 알 수 있는 기회가, 아울러 가급적 많은 다른 종들도 (생존해 있는 동안) 볼 기회가 있으면 했습니다." 사진 작품 구성이 그의 마음속에서 틀을 잡아 가기 시작했다. 여기 하나하나가, 쌍과 쌍이, 무리와 무리가 모두 우리가 물려받은 살아 있는 지구의 충만함이자 영광이라고 이야기하는 동물 왕국 사진전. 보라. 각양각색의 생명체를 만나 보라. 이것은 우리가 잃어 가고 있는 것들이다. 우람한 곰부터 멋지게 날갯짓하는 새, 민물을 깨끗하게 거르는 홍합, 쟁기발개구리(spadefoot toad)까지. 쟁기발개구리는 자연 서식지인 사막에서 가사(假死) 상태로 1년 넘게 땅속에 머물다가 폭풍우에 한시적인 물웅덩이가 만들어지면 나타나 밤새 짝을 찾아 목청을 높인다.

너무나 많은 종이 너무나 빨리 사라지고 있다. 조엘은 전 세계 수천 마리 생물 각각의 핵심을 포착해 사진으로 찍을 요량이었으므로 시간 여유가 많지 않았다. 그는 야생에서 야생 동물, 특히 낯을 많이 가리거나 유별나게 겁이 많은 동물의 사진을 제대로 한 장 찍으려고 쫓아다니다 보면 며칠이 걸릴지를 경험으로 알고 있었다. 일부 종은 이미 자연 서식지에서 멸종했다. 조엘이 택한 최상의 선택지는 이미 잡혀 와서 우리에 갇혀 있는 동물의 사진을 찍는 것이었다.

포획된 동물의 사진을 찍으면서 조엘은 피사체에 따라 배경을 흰색 아니면 검은색으로 조정할 수 있었다. 그러면서 세세한 모습을 담아낼 수 있게 빛도 조절할 수 있었다. 배경에 아무 특징이 없어서 사진을 보는 사람의 시선이 피사체 동물에서 벗어나지 않는다. 게다가 무채색을 배경으로 한 사진에서는 힘센 동물과 유약한 동물이 비슷한 크기로 보여서 비슷한 힘을 지닌 존재로 비친다. 마치 생태계가 작동하는 데 각각의 역할이 똑같이 중요할 수 있듯이. 이를테면 코끼리는 그들이 서식하는 열대 우림의 건축가로 불리고는 한다. 이 거구들은 우거진 수풀을 짓밟아 길을 낼 뿐만 아니라, 나무껍질을 벗겨 먹고 나뭇가지를 꺾어 먹으면서 나무를 가지치기하듯 훑어내 숲에 빈 공간을 만든다. 또한 코끼리는 열

매를 배부르게 따 먹고 멀리 사방으로 다니며 커다랗고 비옥한 똥 무더기를 배출해 씨를 분산함으로써 나무와 여타 식물의 다양성을 높게 유지하기도 한다. 그렇다고 숲속의 큰박쥐(fruit bat)와 개미가 꼬마 건축가 집단으로서 코끼리와 마찬가지로 중요한 역할을 하지 않는다고 누가 말할 수 있겠는가? 그들은 꽃식물(종자식물)의 꽃을 살살이 누비며 수분하고, 작은 씨앗을 수많은 적합한 환경으로 날라 준다.

경우에 따라 조엘은 야생 동물 재활 전문가나 개인 번식가가 돌보는 종을 찾아간다. 아니면, 평년 기준 약 1억 7500만 명의 사람들이 찾는 곳으로 가기도 한다. 바로 동물원이다. 세계적으로 1만 곳이 넘게 만들어져 있는 동물원에는 대중이 아주 흥미로워할 유형의 동물이 선별되어 있다. 개중에는 희귀종도 상당수 포함되어 있다. 그런데 동물원은 저마다 수준이 천차만별이다. 도로변 관광용 구경거리와 여타 동물 수용 시설까지 동물원에 포함되기 때문이다. 이런 곳들은 간신히 사육장 허가를 받은 수준이다. 그래서 조엘은 미국 동물원 수족관 협회(Association of Zoos and Aquariums, AZA)나 세계 동물원 수족관 협회(World Association of Zoos and Aquariums, WAZA)에 정회원으로 등록된 동물원을 주로 찾아갔다. 이런 곳들은 모두 상호 합의한 돌봄 기준을 준수하고 보유 동물을 존중하며 시설을 운영하고 있다. 이 협회들의 많은 정회원 동물원은 위급(critically endangered, CR) 수준의 멸종 위기 종을 위한 포획 번식 프로그램을 운영하고 있고, 경우에 따라 유일한 서식지가 되기도 한다. 포획 번식 종을 야생으로 돌려보내려는 노력에서 나온 결과가 들쭉날쭉하기는 하지만, 몽골 야생말(Przewalski's horse, *Equus ferus przewalskii*, EN)을 몽골의 스텝 지대 서식지로 돌려보내는 괄목할 만한 성과가 있기도 했다. 또한 서식지 복구 기술은 해가 갈수록 향상되고 있다. 많은 동물원이 다양한 국가에서 야생 동물 연구와 보전 사업에 재정 지원을 하고 있다. 나아가 이제 일부 동물원

은 특별한 전시를 기획해, 동물원에 전시되는 표본 동물의 야생 개체군을 보호하기 위한 사업에 관람객이 기부하도록 권하고 있다.

세계의 동물원에는 적어도 1만 2000종의 동물이 있다. (많은 동물 수용 시설에서 자신들이 데리고 있는 특별한 동물 종의 목록을 밝히지 않아서 추정치가 제각각이다.) 동물원에 포획되어 있는 명백한 아종(subspecies)과 변종(varieties)을 모두 합하면 1만 8000종 가까이 될 것으로 보인다. 조엘은 이들 중 멸종 위기에 처한 1,000종 이상을 포함해 가급적 많은 종을 기록으로 남기고 싶어 한다. 현재 50대 중반이고 '포토 아크' 프로젝트를 10여 년간 진행해 온 그는 6,000종이 넘는 동물을 사진으로 기록했으며 "너무 늙어서 무거운 카메라 장비를 들고 사방으로 돌아다니지 못하게 될 때까지" 앞으로 적어도 5,000~6,000종을 '포토 아크' 프로젝트에 추가하려고 한다. 그는 이렇게 말한다. "나는 이 일이 꼬박 25년을 매진해야 할 일이라는 생각을 했다. 하지만 전 세계의 동물들에게 일어나는 일을 알게 된 이상, 나는 그냥 뒤로 물러나 바라만 볼 수가 없었다."

《내셔널 지오그래픽》에서 미국의 멸종 위기 종을 다루는 잡지 기사 몇 건과 책 하나를 조엘과 함께 쓰면서 나는 그가 얼마나 진정성 있게 일하는지 알게 되었다. 반면 나는 그가 흔하디흔한 사진을 넘어서는 동물 사진을 어떻게 담아내는지 아직도 제대로 간파하지 못했다. 동물이 자신만의 특징, 특별한 재능이나 정서적 능력, 어쩌면 무의식에서 비롯한 뭔가를 드러내게끔 취한 자세를 그가 감지하는 데 걸리는 시간은 1,000분의 몇 초에 불과해 보인다. 찰칵! 그의 사진은 사진가와 피사체 사이에 일어난 활발한 상호 작용의 결과인 만큼 진부한 초상과는 거리가 멀다.

가까운 나뭇가지에 앉은 새나 반려동물과 함께 있을 때면 우리는 누구나 생생한 교감에 온몸이 떨리는 감동의 순간을 느낀다. 조엘은 각 피사체에서 그러한 순간을 포착해 후손에게 남길 사진 안에 불어넣는다.

그것이 바로 '포토 아크', 즉 사진으로 엮은 방주(方舟)이다. 각 사진에는 생명력이 깃들어 있다. 사진에서 약간의 비애나 유머가 느껴질 수도 있다. 대부분은 놀라움이 가득하다. 모든 장면이 사진가와 피사체가 서로를 궁금해하는 직접 대면의 순간을 담고 있기 때문이다. 나는 여권에 전 세계 수많은 나라의 출입국 심사 도장이 찍혀 있는 야생 동물 생물학자이지만, 존재하는지조차 몰랐던 놀라운 종들을 이 책을 통해 알게 되었다. 그렇다. 이들 중 일부는 언젠가 사라져서 후세에게 사진으로만 전해지는 여행비둘기 마사처럼 될지 모른다. 그런데 방주는 살아 있는 생물을 구하는 배이다. 이 방주는 많은 생물을 무명의 어둠에서 건져 올리고 더 많은 생물을 무관심으로부터 구하는 일을 돕기 위해 만들어졌으며, 모든 생물을 임박한 절멸로부터 멀리 떨어뜨리는 것을 목표로 한다. 또한 상징적인 역할도 한다. 방주에는 희망이 담겨 있다. 현대 문명이 균형을 회복하고 대홍수가 멈추는 날이 오면 우리가 보전하는 동물들이, 장차 풍성하게 번성할 자연계 생물 집단을 재건하는 데 기여할 것이라는 희망 말이다.

코뿔소 다섯 종은 모두 심각한 문제에 처해 있다. 수마트라코뿔소(Sumatran rhinoceros, *Dicerorhinus sumatrensis*, CR)는 100마리도 남지 않아 멸종 위기에 있다. 자바코뿔소(Javan rhinoceros, *Rhinoceros sondaicus*, CR)는 많아야 50~60마리가 남아 있다. 이 철갑을 두른 듯한 거구들은 고대 동물, 즉 현대에는 같은 동물이 없는 머나먼 과거 동물의 후예로 여겨진다. 이들은 포유류 시대의 여명에 등장한 한 계통의 일종이다. 이들은 밀렵꾼의 총알에 대한 면역력을 진화시키지 못했을 뿐이지, 자신들이 거주하는 현대의 서식지에 완벽하게 적응했다. 이 종들이 수백만 년 동안 존재해 왔다는 사실은 우리가 가급적 이들 모두를 보호해야 하는 또 다른 이유임을 우리는 명심해야 한다.

사실상 모든 사람들이 "왜 굳이 ○○종을 구하려고 애써야 하지?"라거나 "참, 도대체 ○○종이 무슨 쓸모가 있지?"라는 말을 한다. 이에 대한 적절한 답변 중 하나는, 한 지역 내 종들의 총집합, 그리고 그들의 모든 생명 활동과 상호 작용까지 포함하는 개념으로 정의되는 생물 다양성이 생태계를 회복시키기 때문이다. 이는 곧 그들이 폭풍, 가뭄, 산불, 홍수, 해충이나 유행병 같은 단기적 교란을 신속하게 감쪽같이 회복시킬 수 있고 대부분의 환경 변화를 잘 극복할 수 있다는 것을 의미한다. 그래서 종 다양성이 매우 높은 복잡한 생물 군집은 오랜 세월에 걸쳐 상당히 안정적인 경향이 있다. 반면에 종들이 사라져 빈곤해진 생태계는 점점 불균형해지고 덜 풍요로워지고 한층 더 쇠퇴하기 십상이다.

국소적이든 지역적이든 지구적이든 생물 다양성의 대규모 급락은 우리가 후세에게 넘겨주고 싶어 하는 것이 아니다. 유감스럽게도 상당수의 대중에게 이러한 생태학적 개념은 이해하기 어렵고 상당히 이론적이라서 상식 수준을 넘어선다. 과거에 "이런저런 종을 왜 보호해야 하는가?"라는 질문 공세를 받았던 보전주의자들은 차라리 이렇게 답하고는 했다. "어느 종에게 암 치료제가 있을지 모르기 때문입니다." 수십 년 전, 이것은 그저 희망 사항으로 여겨져 무시당했다. 그 후 연구자들은 그런 종 몇몇을 찾아냈다. 그중 하나가 유방암, 난소암, 폐암의 치료에 매우 효과적인 화학 물질을 만들어 내는 구과식물(毬果植物)인 태평양주목(Pacific yew, *Taxus brevifolia*, NT)이다. 백혈병과 호지킨 림프종 증상을 완화할 수 있는 알칼로이드(alkaloid)를 지닌 마다가스카르 관목 일일초(rosy periwinkle, *Catharanthus roseus*)도 있다.

이외에도 이런 동식물 종이 무척이나 많다는 점을 고려해 점점 더 많은 기업이 세계의 동물을 대상으로 생물 자원 탐사에 나서서 전갈, 해삼, 해면, 맹독성 청자고둥 같은 의외의 동물로부터 유망한 의료용 화합물을 찾아냈다. 이 글을 읽는 거의 모든 사람이 인간 이외의 동물에서 나온 약리적 화학 물질로 치료받은 누군가를 알고 있을 것이다. 생물 다양성은 이미 인간의 생명을 구하고 있다. 생물 다양성은 인간의 삶을 개선하고 연장하는 데 훨씬 더 큰 역할을 할 것이다. 하지만 우리가 생물 다양성을 회복시켜 보호하지 않는다면 이는 불가능할 것이다.

일부 포유류, 파충류, 양서류, 곤충, 갑각류, 연체동물은 동면이나 하면을 하면서 한 번에 몇 달 동안이나 잠을 잔다. 신장 질환, 간부전, 대사 장애를 고칠 치료제를 찾는 생리학자들은 이런 동물의 비밀을 알아내고 싶어 한다. 그리고 장시간 비행을 할 수 있도록 우주 비행사를 안전하게 가사 상태로 만드는 방법의 실마리를 구하는 과학자들도 그 비밀을 알고 싶어 한다. 산업 공학자들은 새로운 접착제, 구조 재료, 비행기 날개와 배 선체 주변의 난류(亂流)와 항력(抗力)을 줄일 수 있는 설계, 포장 기술, 광학 필터, 도시 교통의 효율적인 흐름을 위한 모형 등을 동물을 통해 고안하고 있다. 이 밖에도 예는 수없이 많다.

지구의 생물 수백만 종이 지닌 DNA 안에는 오랜 세월에 걸쳐 검증된 명령 체계가 있으며, 이것은 미래에 우리 모두에게 필요할 사물을 만들고 혜안을 얻는 데 쓰일 수 있다. 분자로 암호화된 이런 정보는 우리에게 매우 유용한 데이터의 보고(寶庫)이며, 유전 공학이 발전하면서 그로 인한 가능성의 지평도 넓어지고 있다. 지질학적으로 볼 때 찰나 같은 시간에 종을 절멸시키는 행위를 계속하는 것은 자연의 유전자 도서관에 보관된 문서철과 책을 하나씩 하나씩 아무 생각 없이 없애는 것이나 다름없다. 그것도 영원히. 이것은 절대로 근시안의 문제가 아니다. 핵무기 발사 버튼을 누르는 것을 제외하면, 자신이 똑똑한 존재라고 자부하는 동물이 할 수 있는 가장 명청하고 비생산적인 짓이다.

그런데 실용적 가치가 없다고 하더라도 생물 종은 그냥 그 자체로 야생 상태로 보전할 가치가 있지 않을까? 사람들은 수많은 동기에서 야생 생물을 보호하려는 노력을 해 왔다. 주목할 것은 최근 수십 년간 그렇게 해 왔다는 점이다. 예컨대, 그들은 북아메리카에서 아메리카흰두루미(whooping crane, *Grus americana*, EN), 아메리카들소(American bison, *Bison bison*, NT), 검은발족제비(black-footed ferret, *Mustela nigripes*, EN), 미시시피악어(American alligator, *Alligator mississippiensis*, LC)를, 남아프리카에서 치타(cheetah, *Acinonyx jubatus*, VU)를, 중국에서 판다를 멸종 위기로부터 구해 냈다. 한때 조엘이 그들과 작별 인사를 나누고 있다며 염려했던, 살아남았으나 그마저도 멸종 위기에 처했던 유일한 컬럼비아분지피그미토끼 개체군은 2008년에 영원히 사라져 버렸다. 그런데 그전에 마지막 몇 마리가 포획되어 피그미토끼의 수많은 유사 아종과 교잡되었다. 이들의 잡종 후손은 컬럼비아 분지에 방생되었는데, 현재 원래의 서식지 안에서 개체군을 회복해 가는 좋은 징후를 보이고 있다.

지난 수십 년간 거의 모든 나라가 국립 공원과 여타 자연 보호 구역을 지정했다. 그래서 이런 핵심 거점들을 연결하는 이동 경로를 한 국가 안에서뿐 아니라 국가 간에 만드는 것을 목표로 하는 새로운 보전 방식에 커다란 기대를 걸고 있다. 그렇게 되면 동물 개체군들은 더 자유롭게 이동할 수 있고, 수천 년간 그랬던 것처럼 드넓은 지역에서 구성원이나 유전자를 교환할 수 있으므로 국소성 퇴화(local setback)나 고립 상태에서의 근친 교배로 인한 영향에서 벗어날 수 있다.

과거의 어느 세대도 이와 같은 역사의 단계를 경험한 적이 없다. 이것은 인간의 숫자가 바이러스처럼 병원성을 띠게 된 단계이다. 당연한 말이지만, 앞으로 어떻게 될지 정확히 아는 사람은 아무도 없다. 우리가 확신할 수 있는 한 가지는 인간 이외의 지구 생물들이 처한 상황이 절박하다는 것이다. 하지만 암울한 경고음이 커지는데도 개선되지 않고 있다. 다만 자신이 상황을 개선할 수 있다고 믿는 사람들이 개선해 낼 것이다.

우리는 그렇게 할 수 있다. 인간의 마음과 정신을 충분히 쏟으면 분명히 할 수 있다. 좀 더 동기 부여가 필요할 경우 나는 다른 이유를 생각한다. 생태계가 갑작스럽게 붕괴하기 때문이 아니라, 가늠하기 어렵지만 우리와 아이들에게 중요한 가치들이 서서히 침식되기 때문이다. 나는 이곳의 아름다운 생물, 저곳의 경이로운 생물, 우아한 생물, 흥미로운 생물, 힘과 활력이 넘치는 놀라운 생물, 구애 춤을 추는 생물, 엄청난 싸움을 벌이는 생물, 급강하해서 먹이를 덮치는 매, 바다에서 하늘로 뛰어오르는 돌고래, 화려한 꼬리깃을 과시하는 새, 아침에 노래를 불러 주는 새, 이들이 조금씩 사라지면 우리의 영혼에 어떤 영향을 미칠지 생각한다.

우리는 그들 없이 계속 살아갈 수 있을까? 물론 어느 정도까지는 그럴 수 있다. 문제는 과연 우리가 어떤 존재로 살아가느냐이다. 우리가 인간임을 온전히 인식하자면 동물이 있어야 한다. 자고이래로 누세에 걸쳐 우리 조상들의 행동 양식, 본능, 사상, 종교를 형성한 온갖 다른 생명체들이 없었다면 우리는 우리가 어디에서 왔고 우리가 누구이며 우리가 어떤 존재이고 우리가 어디로 가고 있는지 어떻게 알 수 있었겠는가? 살아 있는 지구가 다른 동물들이 점점 덜 북적이는 곳이 된다면, 사방 어디를 눈여겨보아도 우리 눈에 주로 들어오는 것은 우리 자신의 모습밖에 없게 된다. 그런데 그런 동물들이 여전히 존재한다. 아직까지는.

얼마나 더 많은 종이, 이 놀랍고 아름답고 기발하고 특이하면서도 서로 비슷비슷한 생명체들이 우리의 시야에서 사라질까? 그 답은 수천 종일 수도 있고 수백만 종일 수도 있다. 그럴 이유야 많지만 그 가운데 합당한 것은 하나도 없다. 경이로운 생명체들을 사라지게 할 이유는 전혀 없다. 인류에게 주어진 가장 위대한 자산, 유일하게 영속하는 자산, 가장 값진 선물은 바로 우주 속 우리 안식처를 온전하게 만드는 생명이다. ◆

25쪽 | 안경솜털오리(spectacled eider, *Somateria fischeri*, NT). **오른쪽이 암컷이다.**

26쪽 | 맨드릴(mandrill, *Mandrillus sphinx*, VU)

27쪽 | 데르비아나뿔꽃무지(Derby's flower beetle, *Dicronorrhina derbyana*, NE)

지은이 서문: 방주를 만들며

조엘 사토리

'포토 아크' 이야기를 하자면, 아내 캐시가 유방암 진단을 받은 날로 거슬러 올라가야 한다. 무척이나 오래전의 일로 느껴진다.

그날은 2005년 추수 감사절 전날이었는데 문득 감사할 일이 전혀 없다는 생각이 들었다. 나는 아내가 죽을까 두려웠다. 우리에게는 어린 세 아이가 있었고 막내는 겨우 두 살이었으며, 나는 어설픈 홀아비 아빠가 될 것이 뻔했다. 또한 아내 없이 나 혼자서는 가족의 생계를 꾸려 나갈 수가 없기에 우리의 보금자리가 망가질 것이 분명했다.

그때까지 25년 넘게 나는 《내셔널 지오그래픽》의 사진가였다. 나는 한 번에 몇 주나 몇 달 동안 집을 떠나 있어야 했고, 알래스카 툰드라와 남극 빙하에서 볼리비아 열대 우림과 적도 기니의 검은 모래 해변까지 온 대륙을 넘나들며 일해야 했다. 다니는 곳이 많아질수록 나는 세계 곳곳의 종들이 처한 어려운 상황을 점점 더 잘 알게 되었다. 우리 인간이 하고 있는 행위는 바로 지구의 기후와 지형을 현저하게 변화시키는 행위였다. 내가 사진을 찍고 싶었던 동물들은 점점 희귀해졌다. 일부 동물은 완전히 사라져 가고 있었다.

《내셔널 지오그래픽》 사진가로 일하던 당시에 나는 한곳에 오래 머물 시간이 없었다. 하지만 이제는 내 가족을 위해 집 가까이에 머물러야 했다. 내게 여유 시간이 생겼다. 캐시는 치료를 받고 있었고 죽음이 종종 내 마음을, 아니 아내와 나 모두의 마음을 엄습했다. 아내가 차츰 호전되기는 했지만 아내와 나의 삶은 이미 거반 엉망이 되었다. 나는 열심히 일하고 있었지만 무슨 의미가 있는지 알 수 없었다. 내가 변화를 만들어 가고 있었다면 이제 나타났어야 했다. 내가 과연 나의 생물 보전 활동으로

변화를 일으킬 수 있을까? 어떻게 해야 대중이 관심을 갖게 할 수 있을까?

내 마음은, 사라질 위기에 처한 아메리카 원주민 문화를 사진으로 기록하는 에드워드 커티스(Edward Curtis)와, 지금은 멸종된 새들의 아름다운 초상을 그린 존 제임스 오듀본(John James Audubon)에게 쏠렸다. 나도 어쩌면 내가 사랑하는 동물들에게 사람들이 관심을 갖게 할 어떤 일을 할 수 있을 것 같았다.

먼저 나는 네브래스카 주의 우리 집에서 1.6킬로미터밖에 떨어져 있지 않은 링컨 어린이 동물원(Lincoln Children's Zoo)에 전화를 걸어, 우리에 갇힌 어느 사육 동물이든 초상을 찍을 수 있을지 알아보았다. 나는 비교적 얌전하게 있을 만한 피사체 동물을 물색했고, 동아프리카의 건조 지역에 서식하는 작고 털 없는 설치류인 벌거숭이두더지쥐(naked mole-rat, 320~321쪽)를 낙점했다. 동물원 취사장에서 하얀 도마 위에 이 동물을 올려놓고 나는 사진을 찍기 시작했다. '포토 아크' 프로젝트는 여기서 시작되었다.

그로부터 10여 년이 지나 캐시의 건강은 꽤 좋아졌다. 나의 양육 능력은 내가 상상했던 것만큼 서툴지 않았고 우리의 살림살이도 그럭저럭 괜찮았다. 쉽지는 않았지만 이 어려움 속에서도 희망이 피어났다. 우리는 일상에 감사하는 법을 배웠고, 나는 내가 사진으로 세상에 영향을 미칠 수 있는 방법을 진지하게 생각하는 시간을 가졌다.

'포토 아크' 프로젝트가 어떻게 시작되었는지에 관한 개인적인 내력은 이러하다. 그런데 이와 더불어 진행된 더 크고 지구적인 차원의 이야

30쪽 | 갈색목세발가락나무늘보(brown-throated sloth, *Bradypus variegatus*, LC)

기가 있다. '포토 아크'는 세계 생물 다양성의 감소를 멈추려는 필사적인 노력에서 탄생했다. 서식지 파괴, 기후 변화, 환경 오염, 남획, 과잉 소비는 모두 전 세계 동식물이 대규모로 멸종하는 데 영향을 끼치고 있다. 지구의 긴 역사로 볼 때 과거에도 이와 비슷한 사건들이 있었다. 하지만 지금의 멸종은 궤를 달리한다. 이것은 빙하기나 소행성 때문에 일어나는 것이 아니다. 이것은 인간 때문에 일어나고 있다. 이대로 가면 2100년까지 지구의 모든 종 가운데 절반이 멸종할 수 있다.

나는 이것을 가만히 두고 볼 수 없다. 기본적으로 '포토 아크'는 세계의 생물 종들을 기록하는 사진을 모아 놓은 방주이다. 이 생물 종 중 상당수는 사실상 우리가 살고 있는 시대에 사라지고 있다. 또한 '포토 아크'는 동물과, 동물 보호를 도울 수 있는 사람들 사이를 시각적으로 매개하는 역할을 한다.

사진 자체에 관해 말하자면, 이 사진들은 사진관 스타일의 초상이다. 나는 동물들이 대등해 보이도록 만들기 위해 이 방법을 택했다. 거북이 산토끼만 해지고, 생쥐가 어느 모로 보나 북극곰만큼 거대해진다. 흑백 배경 앞에 따로 있는 동물들은 아주 또렷하게 보여서 그들이 지닌 아름다움과 우아함, 총명함이 눈에 들어온다.

세계의 무수한 종들을 사진관 초상으로 기록하는 데는 25년이 걸릴 것이다. 나의 목표는 내가 죽기 전까지, 전 세계의 포획되어 있는 1만 2000여 종 각각을 사진으로 기록하는 것이다. 2016년 5월 나는 6,000번째 동물의 사진을 찍었다. 싱가포르 동물원(Singapore Zoo)에 있는 코주부원숭이(proboscis monkey, 325쪽)이다. 이런 규모의 프로젝트에는 시간이 걸린다. 나는 10년 넘게 매달려 왔고, 내가 할 수 있는 한 계속할 것이다. 나는 스스로를 동물 대사(ambassador), 말 못 하는 자들을 위한 대변인으로

> ## "나는 스스로를 동물 대사, 말 못 하는 자들을 위한 대변인으로 생각한다."

생각한다. 그래서 나는 내가 찍은 사진을, 가급적 많은 사람들의 관심을 모아 여론을 움직이기 위한 최적의 수단으로 여긴다. 존재하는지도 모르는 생물을 사람들이 구할 수는 없는 노릇이다. 나는 사람들이 이 동물들의 눈을 보고 위태로운 상황을 알게 되면 더 많은 관심을 가져서 변화를 일으킬 수 있는 방법을 찾게 될 것이라 기대하고 있다. 그러다 보면 나중에는, 지표면의 모든 것을 거침없이 무자비하게 소비해 한두 세대 안에 수백, 아니 수천 종을 말살시키는 행위를 멈출 수준에 이르지 않을까? 장담할 수 없다. 내가 지금 확신할 수 있는 단 한 가지는, 우리가 우리의 행위를 바로잡지 않으면 미래 세대들은 우리가 지구에 한 짓들을 증오하리라는 점이다.

우리가 다른 생물 종을 구하는 것은 곧 우리 자신을 구하는 것이다. 우리는 매일매일을 자연에 의존해 살아가고 있지만 대개 그것을 깨닫지도 못한다. 건강한 숲과 바다는 우리가 살아가는 기후, 즉 기온뿐만 아니라 강수량, 태풍의 강도, 대기의 화학적 균형까지 조절한다. 벌, 나비, 파리 같은 꽃가루 매개충은 식량 생산에 절대적으로 중요하다. 우리는 동물을 통해 의사 소통(돌고래와 앵무), 동면(북극땅다람쥐, 138쪽), 오염(민물조

개) 같은 다양한 주제와 관련된 새로운 것을 언제든지 알 수 있다.

인간에게 이로운 이런 종들과 더불어 전 세계의 생물 종을 보호해야 할 더 중대한 이유가 있다. 모든 종은 수천 년 내지 심지어 수백만 년에 걸쳐 만들어진 하나의 예술 작품이다. 각각은 너무나 고유하고 고귀하기에 그것만으로도 보호할 가치가 있다. 모든 생물은 각각 다른 생물과 다른 방식으로 우리의 세계를 풍요롭게 한다.

우리가 살고 있는 시대는 무한한 가능성으로 가득하다. 하지만 시간이 중요하다. 어느 누구도 혼자서 세계를 구할 수는 없다. 우리 각자는 분명 실질적이고 의미 있는 영향을 미칠 수 있다. 이 책에서 소개하는 종들 가운데 상당수는 정말 구할 수 있다. 그런데 사람들의 마음을 움직여 참여시키자면 열정과 돈 모두가 있어야 한다. 이 동물들 중 일부에게 필요한 것은 약간의 관심이 전부이다. 한편 어떤 종들은 이미 너무 위태로워서 구하기가 어려울 수 있다. 그럼에도 어떤 사소한 노력이든 도움이 되며, 문제를 인식하는 것이 해결을 향한 첫걸음이다.

내가 중요하게 생각하는 것은 이것이다. 내 삶이 다하는 날 거울을 들여다보면서, 내가 실질적인 변화를 만들어 낸 것에 흡족해하며 웃을 수 있기를 바란다. 내가 죽고 나서 먼 훗날에도 이 사진들은 생물 종을 구하는 역할을 매일매일 지속해 나갈 것이다. 나에게 이보다 더 중요한 사명은 없다.

그렇다면 여러분은 어떠한가? ◆

IUCN 목록 코드에 대하여

국제 자연 보전 연맹(International Union for Conservation of Nature, IUCN)은 지속 가능성을 추구하는 세계적인 단체이다. 멸종 위기 종을 담은 IUCN 적색 목록은 멸종 위험에 따라 분석된 동식물 종을 광범위하게 모은 것이다. 일단 평가를 거치고 나면 각 종은 여러 범주 가운데 하나로 지정된다. 이 책에 실린 각 종의 IUCN 목록 등재 현황이 다음과 같은 약자로 이름 옆에 병기되어 있다.

EX: 절멸(Extinct)

EW: 야생 절멸(Extinct in the Wild)

CR: 위급(Critically Endangered)

EN: 위기(Endangered)

VU: 취약(Vulnerable)

NT: 준위협(Near Threatened)

LC: 관심 대상(Least Concern)

DD: 자료 부족(Data Deficient)

NE: 미평가(Not Evaluated)

◆ 이 책에서 출처를 밝히지 않은 모든 인용문은 조엘 사토리의 말이다.

1장 ▶◀

닮은꼴

우리는 자연 도처에서 닮은 것들을 본다. 닮은꼴을 통해 우리는 모든 동물의 마음과 영혼을 들여다볼 수 있다. 우리 주위를 둘러보면 생물 형태의 다양성 속에 숨어 있는 유사성, 연관성, 동일성이 보인다. 이렇게 닮은꼴 속에서 자신을 보는 것이 첫 단계이다. 다른 꼴 속에서 자신을 보는 것, 즉 동정과 연민, 공감은 그다음 단계이다. 그리고 나면 마침내 자아를 넘어서고, 우연이든 환경 때문이든, 생물학적 필연이든, 종과 종을 결속하는 유대 관계를 인식하게 된다.

이 장에서 우리는 세계의 생물 중에서 돋보이는 닮은꼴들을 만난다. 짝을 이룬 닮은꼴들이 여러분을 생명에 대한 더 깊은 이해로 이끌거나 환하게 웃음 짓게 할지 모른다.

자그마한 벵골늘보로리스(39쪽)와 작은 줄무늬청개구리(38쪽)가 눈을 크게 뜨고 쳐다보고 있다. 스프링복사마귀(44쪽)와 북극여우(45쪽)는 머리를 비스듬히 기울인 채 앞을 응시하고 있다. 짝을 이룬 푸른단풍새(48~49쪽)는 가지 위에 앉아 쉬고 있다. 의기양양한 침팬지(52~53쪽)는 우리 영장류와 닮은꼴이다. 남아메리카에 서식하는 임금콘도르(54쪽)의 노란 육질 볏은 인도코뿔소의 신성한 뿔을 떠올리게 한다. 메뚜기와 여치(베짱이 포함, 86쪽)는 그 옆모습이 새우들(87쪽)과 줄줄이 닮은꼴이다. 오스트레일리아 민물 가재인 애비(116쪽)와 악마꽃사마귀(117쪽)는 다리를 벌린 채 일어서 있다. 자연의 음악에 맞추어 춤을 추기 위한 것인지 방어적인 자세를 취하고 있는 것인지 생각하게 만든다. 아시아의 사향고양이 빈투롱(122쪽)과 알래스카의 바닷새 흰수염작은바다오리(123쪽)는 수염과 깃털, 혀와 부리가 서로 닮았다.

의인화는 피하기 어렵다. 이 생물들의 몸과 얼굴에서 인간의 태도와 의도를 읽어 내는 것은 어려운 일이 아니다. 우리가 그들의 눈을 응시하면 또 다른 생물이 보인다. 우리는 이 생물들을 통해 '포토 아크'의 다른 동물들과 연결되고, 그러면서 그들이 서로서로 닮은, 그리고 우리와 닮은 많은 면을 발견한다. ◆

"새들은 촬영장에서 무척이나 유유자적하게, 평소 하던 대로 행동한다."

맨드릴(mandrill, *Mandrillus sphinx*, VU)

"이 어린 맨드릴은 적도 기니의 야생 동물 고기 시장 인근에서 발견되었다. 내 카메라 렌즈 앞 유리 필터에 비친 제 모습을 보면서 난생 처음으로 자기 얼굴을 보는 것 같은 반응을 보였다."

세인트앤드루해변쥐(St. Andrew beach mouse, *Peromyscus polionotus peninsularis*, LC)

"해변쥐의 각 아종은 털에 고유한 색과 무늬를 띠고 있으며, 서식지의
모래에 맞추어 진화했다. 이 작은 쥐는 수염을 손질하고 있다.
이것은 자기 위로 행동(self-soothing behavior)이다.
카메라 울렁증을 보이는 듯했다."

안고노카육지거북(ploughshare tortoise, *Astrochelys yniphora*, CR)

"여러분은 세계에서 가장 희귀한 거북들을 보고 있다. 마다가스카르에서 온 안고노카육지거북이다. 이 네 동물은 정부가 밀수업자에게서 압수해 애틀랜타 동물원(Zoo Atlanta)에 보낸 개체들이다. 동물원에서는 이들을 보호하고 있다가 성적으로 성숙하면 번식시키려고 한다. 가까이에서 보면 거북도 호랑이만큼 위풍당당해 보인다."

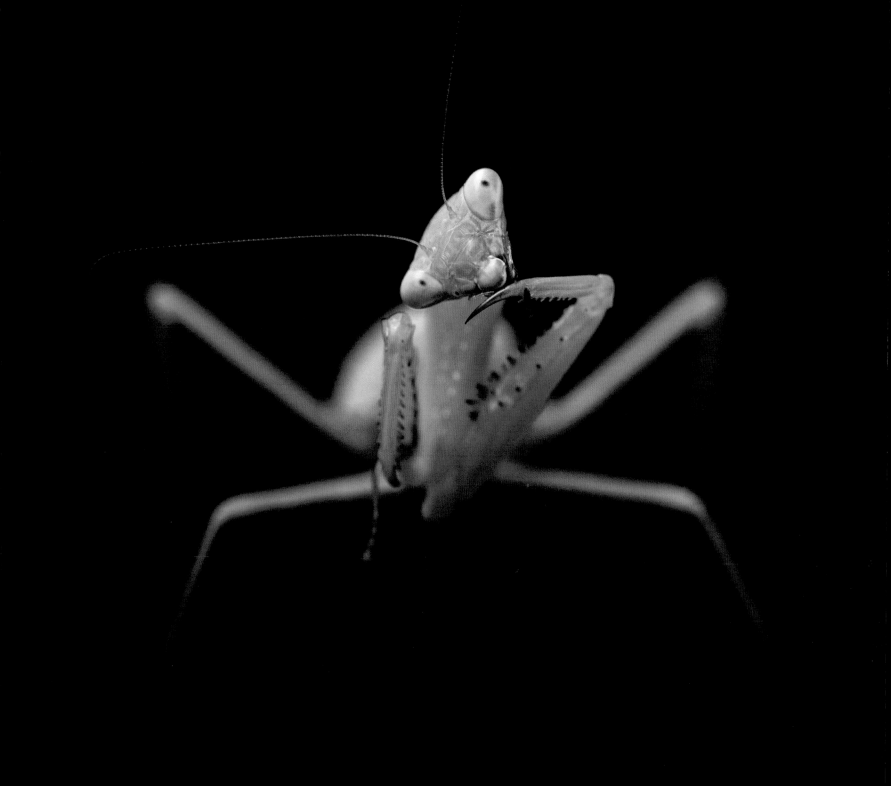

스프링복사마귀(springbok mantis, *Miomantis caffra*, NE)

북극여우(Arctic fox, *Vulpes lagopus*, LC)

"이 북극여우는 가만히 있으려고 하지 않았다. 결국에는 자포자기의 심정으로 내가
돼지처럼 꽥꽥 소리를 질렀다. 그러자 여우는 동작을 멈추고 고개를 갸우뚱거리며

안경올빼미(spectacled owl, *Pulsatrix perspicillata*, LC)
"이 사진을 찍는 동안 이 올빼미는 잠에 빠져들고 있었다.
실제로 사진에서 눈이 반쯤 감겨 있다."

드브라자원숭이(De Brazza's monkey,
Cercopithecus neglectus, LC)

푸른단풍새(blue waxbill, *Uraeginthus angolensis*, LC)

위(왼쪽에서 오른쪽으로) | **페레스부아듀발푸른나비**("Pheres" Boisduval's blue, *Aricia icarioides pheres*, NE, 핀으로 고정된 박물관 표본. 절멸된 것으로 추정),
르보누에나방(Lebeau's silk moth, *Rothschildia lebeau*, NE), **진주네발나비**(pearl Charaxes, *Charaxes varanes*, NE)

가운데 | **아탈라부전나비**(atala, *Eumaeus atala*, NE), **아이가모르포나비**(Aega morpho, *Morpho aega*, NE, 핀으로 고정된 박물관 표본. 특이한 색 문양),
키아니리스네발나비(blue-banded purplewing, *Myscelia cyaniris*, NE)

아래 | **이스메니우스호랑이독나비**(Ismenius tiger, *Heliconius ismenius tilletti*, NE), **겨자흰나비**(mustard white, *Pieris oleracea*, NE),
동방호랑나비(eastern tiger swallowtail, *Papilio glaucus*, NE)

위(왼쪽에서 오른쪽으로) | **꼬리잘린어치제비나비**(tailed jay, *Graphium agamemnon*, NE), **펠레이데스모르포나비**("Peleides" blue morpho, *Morpho peleides*, NE), **에투사네발나비**(Mexican bluewing, *Myscelia ethusa*, NE)

가운데 | **모누스테흰나비**(great southern white butterfly, *Ascia monuste*, NE), **데몰레우스호랑나비**(common lime swallowtail, *Papilio demoleus*, NE), **흰공작네발나비**(white peacock, *Anartia jatrophae*, NE)

아래 | **걸프표범나비**(gulf fritillary, *Agraulis vanillae incarnata*, NE), **프리아무스비단제비나비**(common green birdwing, *Ornithoptera priamus*, NE), **스텔레네스네발나비**(malachite, *Siproeta stelenes*, NE)

51

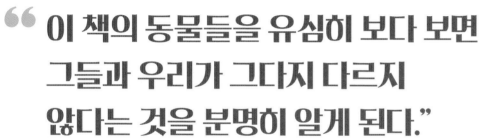

"이 책의 동물들을 유심히 보다 보면 그들과 우리가 그다지 다르지 않다는 것을 분명히 알게 된다."

침팬지(chimpanzee, *Pan troglodytes*, EN)

"이 아기 침팬지는 동물원에서 일하는 인간 엄마들의 손에 자라고 있었다. 항상 사람 손길에서 떨어지지 않으려고 해서 돌보미로 하여금 허리 아래를 잡아 주게 한 다음에야 사진을 찍을 수 있었다. 그러자 아기 침팬지는 안심이 되는지 안정을 찾았고 촬영에 맞추어 약간 과장된 행동까지 보여 주려 했다."

54쪽 | **임금콘도르**(king vulture, *Sarcoramphus papa*, LC)

55쪽 | **수마트라코뿔소**(Sumatran rhinoceros, *Dicerorhinus sumatrensis*, CR)

'포토 아크'의 영웅

잭 러들로(Jack Rudloe)
걸프 스페시먼 해양 연구소(Gulf Specimen Marine Laboratory)
미국 플로리다 주 패너시아

바다와 바다 생물에 대한 잭 러들로의 사랑은 뉴욕 브루클린에서 보낸 유년기에 시작되었다. 그는 어린 시절 뉴욕 시의 해안 유원지인 코니 아일랜드까지 가서 뉴욕 수족관에 몰래 들어간 적이 있었다. 그때 그곳에서는 흰고래(beluga whale, *Delphinapterus leucas*, LC)와 다른 해양 생물을 맞기 위한 공사가 한창이었다. 이 범상치 않은 만남 이후 그는 불가사리와 말미잘, 자이언트등각류로 알려진 게 모양 생물까지, 생명을 찬양하고 보호하며 바다의 희생자들에 관해 교육해 왔다.

러들로와 그의 사별한 아내 앤 러들로(Anne Rudloe)는 바다 생물을 향한 열의로 걸프 스페시먼 해양 연구소를 세웠다. 플로리다 주 패너시아에 위치한 교육 센터는 매년 학생 방문객 수천 명에게 멕시코 만 부근의 '생명의 그물'을 가르친다. 센터 내 '생명의 독(living dock)'에서는 바다 생물들이 독 위와 주위에 보금자리를 꾸미는 것을 들그물을 써서 볼 수 있다. 또한 러들로는 아이들이 바다 생물을 만져 볼 수 있는 수조가 딸린 '바다 자동차'를 운행해 "어린 마음을 홀리고" 싶은 그의 바람을 이룬다. "아이들은 생명의 힘을 생생하게 느끼게 됩니다." 그는 웃으며 말한다.

러들로의 열정은 끊임없이 발견하는 삶으로, 문어와의 애증 관계로 이어졌다. 그는 "우리보다 똑똑한 동물을 상대하는 것은 무척 어려운 일입니다."라고 말한다. 그런데 그와 이름을 함께 쓰는 동물은 사실 키로프셀라 루들로에이(*Chiropsella rudloei*)라는 상자해파리이다. 그는 1960년대에 마다가스카르의 습지에서 이 종의 표본을 수집했다. 스미스소니언 협회 표본실에서 이 표본을 재발견한 과학자는 습지 보전을 위해 러들로가 쏟은 불굴의 노력을 기리고자 그의 이름을 따서 학명을 지었다. ◆

> **먹물을 분출하고, 침을 쏘고, 쉬익하는 소리를 내고, 불쑥 나타나고, 거품을 내는 무척추동물들, 나는 그들 모두를 사랑한다."**
> — 잭 러들로

56쪽 | **흑갈색 띠가 있는 알테르나타검은띠불가사리**(banded sea star, *Luidia alternata*, NE)
두 마리와 작은가시돌기불가사리(small spine sea star, *Echinaster spinulosus*, NE)

잭 러들로가 작은 해변 게로 가득한 자신의 방주 앞에 서 있다.
이 배는 그가 앤과 함께 세운, 플로리다 주 패너시아에 위치한
교육 센터의 작은 일부일 뿐이다. 그는 말한다.
"해변 게는 작지만 정말 흥미진진한 생물입니다."

위장(僞裝, camouflage) ▶◀

"이 오징어는 아주 자그마해서 내 기억에 아마 엄지만 하다.
하지만 흰 배경 앞에서는 모든 면에서 표범만큼이나 위용이
있어 보인다." 두 생물은 모두 무늬를 이용해 자신을 숨긴다.
그곳은 아프리카 사바나의 볕받이나 그늘일 수도 있고,
해저의 얼룩덜룩한 바닥일 수도 있다. 위장은 먹이가 되지 않게
자신을 보호하거나 몰래 돌아다니는 데 도움이 된다.

아프리카표범(African leopard, *Panthera pardus pardus*, VU)

하와이짧은꼬리오징어(Hawaiian bobtail squid, *Euprymna scolopes*, DD)

프랑수아랑구르(François' langur, *Trachypithecus francoisi*, EN)

" 우리가 다른 생물 종을
구하면 사실상 우리 자신을
구하게 된다는 것은
명백한 사실이다."

속이 빈 사슴발톱조개(deertoe mussel, *Truncilla truncata*, NE)의 껍데기

버짓개구리(Budgett's frog,
Lepidobatrachus laevis, LC)

"이 개구리는 우리가 사진을 찍을 때 성난 고양이처럼
으르렁거리는 소리를 내면서 사람을 물 것처럼 위협했다.
날카로운 이빨이 있어서 정말 피가 나게 할 수도 있었다.
야구공만 한 거대한 개구리여서 성질을 돋울 만한 상대가 아니었다."

방울금강앵무(great green macaw, *Ara ambiguus*, EN)

초록금강앵무(military macaw, *Ara militaris*, VU)

자이언트심해모래무지벌레(giant deep-sea roach, *Bathynomus giganteus*, NE)

세띠아르마딜로(southern three-banded armadillo, *Tolypeutes matacus*, NT)

쿠바홍학(American flamingo, *Phoenicopterus ruber*, LC)
"우리는 홍학 무리 전체를 검은 벨벳으로 둘러친 우리 안으로 걸어 들어가게
했다. 그러자 이 새들은 자기들끼리만 바라보며 두리번거렸다."

검은턱물왕도마뱀(black-throated monitor,
Varanus albigularis ionidesi, NE)

분홍촉수말미잘(pink-tipped anemone, *Condylactis gigantea*, NE)

남아프리카회색관두루미(South African crowned crane,
Balearica regulorum regulorum, EN)

중국삵(leopard cat, *Prionailurus bengalensis chinensis*, LC)

촬영 뒷이야기

미국 오클라호마 시립 동물원(Oklahoma City Zoo)

"아메리카들소 메리 앤이 걸어 들어와 나뭇잎을 천천히 씹으며 나를 똑바로 보았다. 완전 멋있었다."

"그들은 그게 뜻대로 될 리 없다고 했어요." 조엘은 오클라호마 시의 오클라호마 시립 동물원에서 메리 앤(Mary Ann)이라는 아메리카들소를 촬영한 일에 대해 말한다. "그들이 암컷 들소가 사납고 안하무인이고 위험하다고 말하며 우리를 그저 다치고 싶어 환장한 사람이나 다름없다고 여겼습니다." 하지만 먹음직스러운 뽕나무 잎을 촬영장 바닥 위에 놓아두자 촬영 팀은 조엘 사토리가 원하는 곳에 정확히 암컷 들소를 위치시킬 수 있었다.

조엘은 "사진을 찍는 일은 기본적인 문제를 해결하는 것과 관련이 있습니다."라고 설명한다. 동물이 편안함을 느끼게 하려고, 촬영 팀은 들소에게 친숙한 공간을 조성했다. 안정을 찾으면 들소는 밤에 그곳에서 잠을 잔다. 계획대로 되었다. 들소의 본능이 나타났다. "들소는 사랑스럽기만 했습니다."라고 조엘은 말한다. ◆

조엘이 아메리카들소의 위엄 있는 모습을 포착하려고 바닥 눈높이에서(울타리 빗장 밑에서) 들소를 찍을 준비를 하고 있다. 무독성 흰색 페인트를 칠해 둔 배경이 우리 바닥에 살짝 보인다.

조엘이 촬영에 이용할 불투명 전구와 전선을
오클라호마 시립 동물원 사육사가 쳐다보며
가리키고 있다. 천장에 촬영 장비를 숨기면
들소를 안심시켜 덜 놀라게 하는 데 도움이 된다.

기운 센 아메리카들소 메리 앤을 촬영하는 데
있어 관건은 들소를 익숙한 우리에서 촬영장으로
이동시키는 것이다. 조엘과 그의 촬영 팀은 필요한
모든 조명 장비를 천장에 고정시켜서 보이지 않게
하고 들소의 동선에 놓이지 않게 했다. 메리 앤은
조엘과 촬영을 함께한 유일한 유제류(발굽동물)가
되었다. 메리 앤은 무척이나 차분해졌기에 조엘이
검은색과 흰색을 배경으로 사진을 찍을 수
있었다.

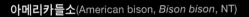
아메리카들소(American bison, *Bison bison*, NT)

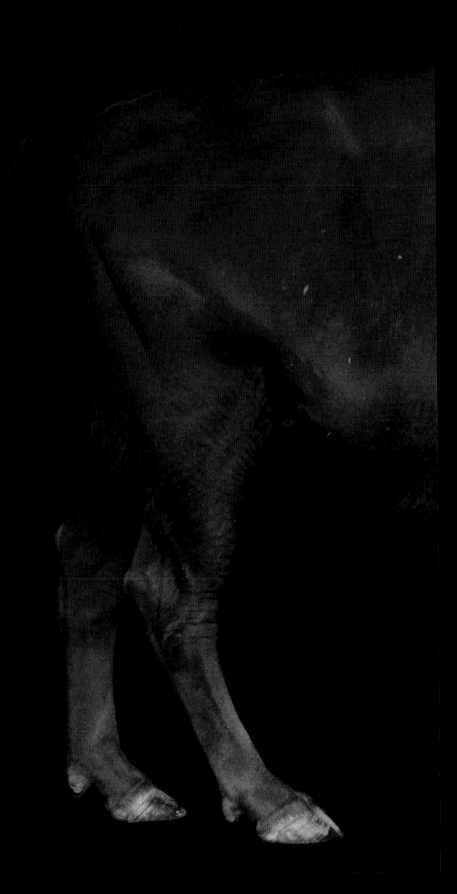

생존을 위한 의태(擬態, mimicry) ▶◀

나비 날개의 눈 모양 무늬와 부엉이의 눈. 얼핏 보면 둘은 똑같아
보인다. 과학자들은 눈 모양 반점이 이 나비 종의 날개에서 진화한
것은 그들이 부엉이처럼 보여야 언제 나타날지 모를 포식 동물을
속일 수 있기 때문이라고 생각한다. 부엉이는 포식 동물을 걱정할
일은 없지만 다른 걱정거리가 있다. 사진의 부엉이는 송전선에 걸려
거의 감전사할 뻔했다가 네브래스카 주 벨뷰에 있는 재활 단체인
맹금류 재활 센터(Raptor Recovery)에 구조되었다. 뇌 손상을 약간
입어서 여생을 인간의 돌봄을 받으며 지내야 하는 처지이다.

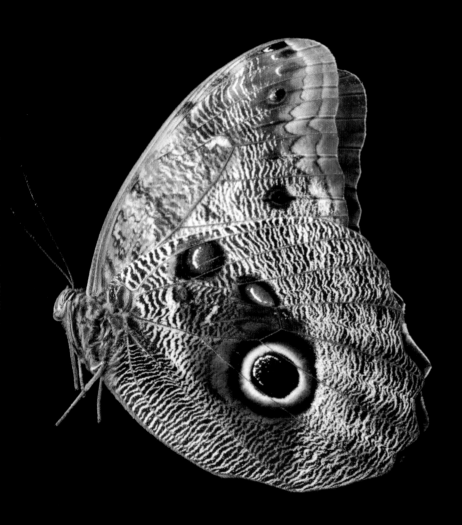

80쪽 | 부엉이나비(giant owl, *Caligo memnon*, NE)

81쪽 | 아메리카수리부엉이(great horned owl, *Bubo virginianus*, LC)

붉은배여우원숭이(red-bellied lemur, *Eulemur rubriventer*, VU)

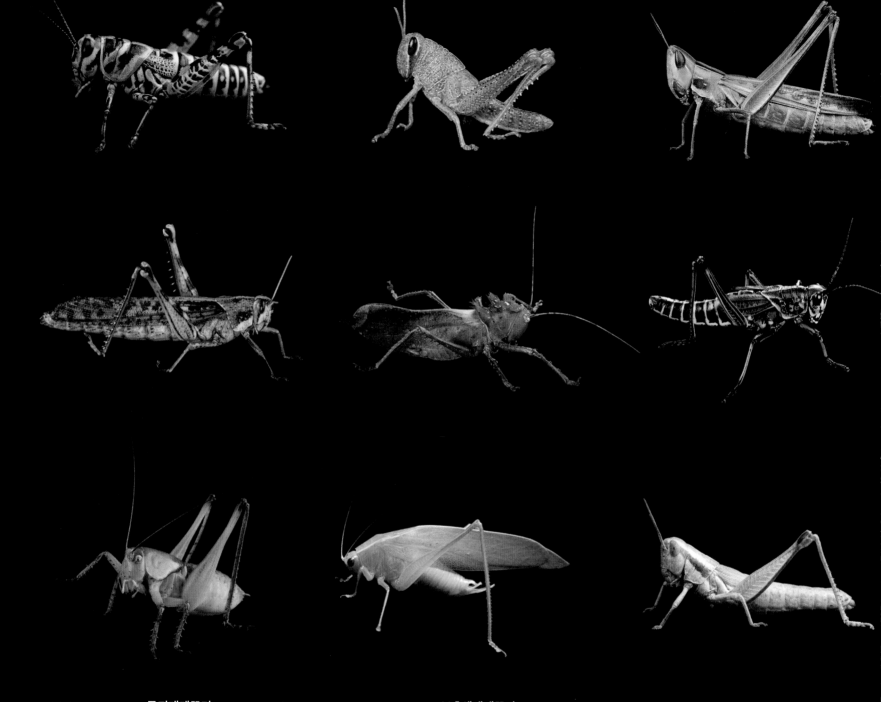

위(왼쪽에서 오른쪽으로) | **무지개메뚜기**(rainbow grasshopper, *Dactylotum bicolor*, NE), **보호색새메뚜기**(obscure bird grasshopper, *Schistocerca obscura*, NE), **붉은다리메뚜기**(red-legged grasshopper, *Melanoplus* ʃ*emurrubrum*, NE)

가운데 | **회색새메뚜기**(gray bird grasshopper, *Schistocerca nitens*, NE), **용머리베짱이**(dragon-headed katydid, *Eumegalodon blanchardi*, NE), **동부느림보메뚜기**(eastern lubber grasshopper, *Romalea guttata*, NE)

아래 | **홀드먼등받이여치**(Haldeman's shieldback katydid, *Pediodectes haldemani*, NE), **베짱이**(katydid, *Chloroscirtus discocercus*, NE), **풀솜나무메뚜기**(cudweed grasshopper, *Hypochlora alba*, NE)

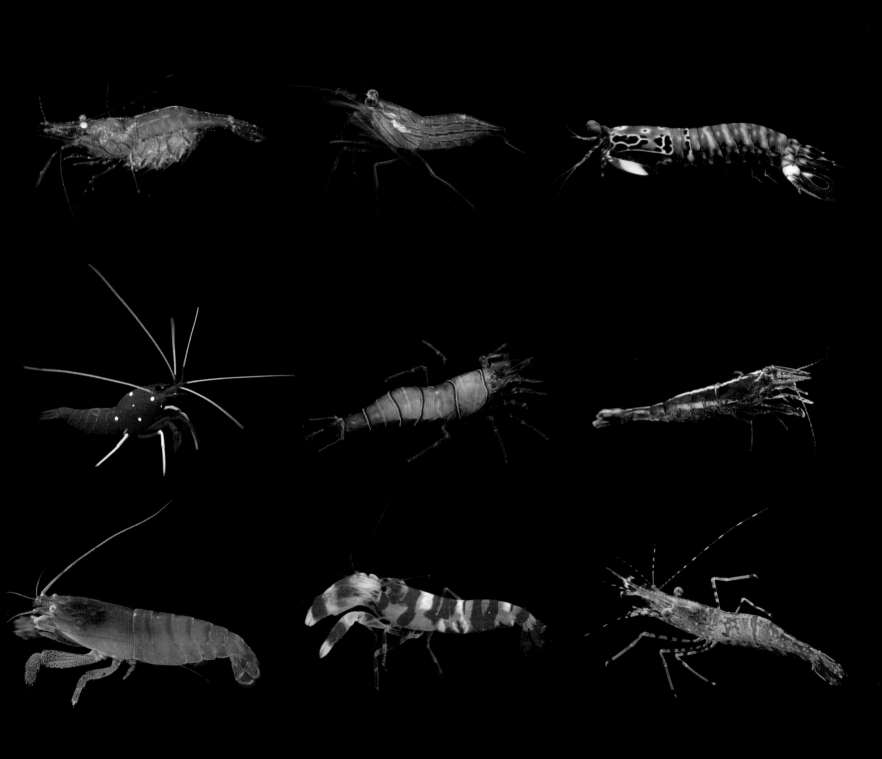

위(왼쪽에서 오른쪽으로) | **갯가잔디새우**(shore shrimp, *Palaemonetes* sp.), **페퍼민트꼬마새우**(peppermint shrimp,
Lysmata wurdemanni, NE), **사마귀갯가재**(mantis shrimp, *Odontodactylus scyllarus*, NE)

가운데 | **진홍꼬마새우**(scarlet cleaner shrimp, *Lysmata debelius*, NE), **캔디줄무늬꼬마새우**(candy-striped shrimp,
Lebbeus grandimanus, NE), **모래자주새우**(sand shrimp, *Crangon septemspinosa*, NE)

아래 | **가봉쟁이새우**(blue wood shrimp, *Atya gabonensis*, LC), **랜들딱총새우**(red banded snapping shrimp,
Alpheus randalli, NE), **도화새우**(coonstripe shrimp, *Pandalus hypsinotus*, NE)

혹멧돼지(common warthog,
Phacochoerus africanus, LC)

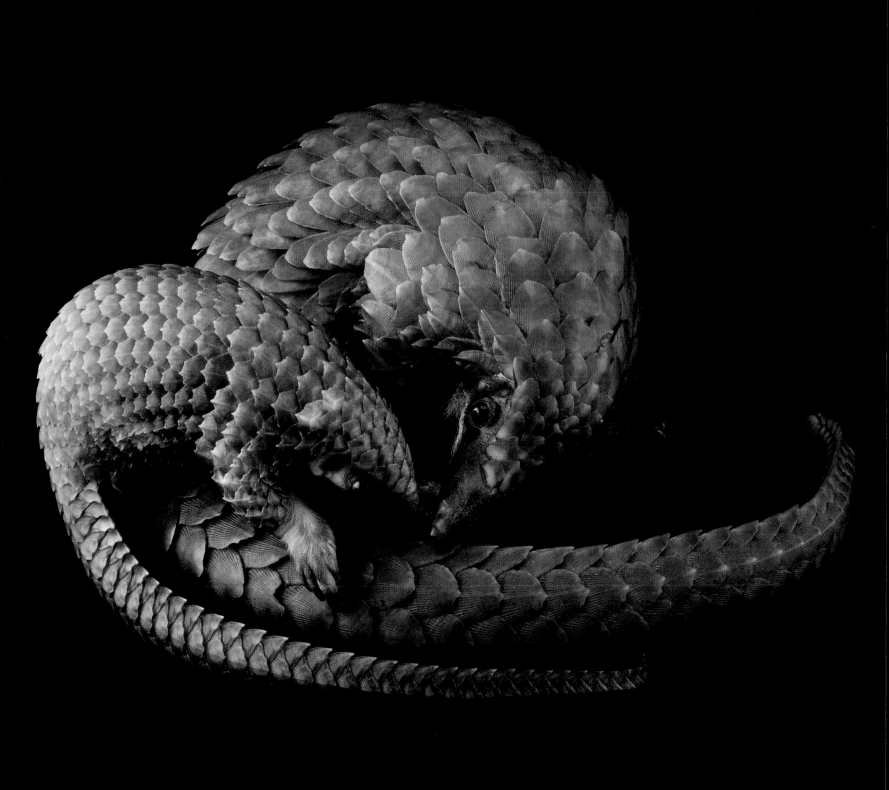

나무타기천산갑(white-bellied pangolin, *Phataginus tricuspis*, VU) **성체와 어린 개체**(왼쪽)

꼬마하마(pygmy hippopotamus, *Choeropsis liberiensis*, EN) **성체와 어린 개체**(아래)

92쪽 | **베트남이끼개구리**(Vietnamese mossy frog, *Theloderma corticale*, DD)

93쪽 | **멕시코털난쟁이호저**(Mexican hairy dwarf porcupine, *Sphiggurus mexicanus*, LC)

델라쿠르랑구르(Delacour's langur, *Trachypithecus delacouri*, CR)

말레이맥(Malay tapir, *Tapirus indicus*, EN)

스탠딩도마뱀붙이(Standing's day gecko, *Phelsuma standingi*, VU) 성체(아래)와 갓 부화한 새끼

큰졸망박쥐(big brown bat, *Eptesicus fuscus*, LC)

구름표범(clouded leopard, *Neofelis nebulosa*, VU)

노란줄야자살무사(coffee palm viper, *Bothriechis lateralis*, LC)

짧은코가시두더지(short-beaked echidna, *Tachyglossus aculeatus*, LC)
"이 두더지는 마치 다른 행성에서 온 존재처럼 보이지만 사실은 지구의 포유동물이다."

**"내가 머리 둘 달린 동물을
찍은 유일한 사진이다.
둘은 같은 등딱지 밑에서
무슨 생각을 할까?"**

머리 둘 달린 노란배거북(yellow-bellied slider, *Trachemys scripta scripta*, LC)

서로 다른 대륙에 살지만 비슷한 모습 ▶◀

아프리카와 아시아의 코뿔새, 남아메리카와 중앙아메리카의 큰부리새.
이들은 서로 관련이 없다. 하지만 둘 다 크고 굽은 부리를 지녔고,
수렴 진화(convergent evolution)를 했다. 독립적으로 진화했지만
비슷한 환경적 난관에 반응해 비슷한 특징을 갖게 된 것이다.
코뿔새의 투구 모양 돌기(casque)는 머리 위에 생긴 덧부리(second bill)의
일종이며, 인간의 손톱과 같은 물질로 만들어져 있다.

104쪽 | **암컷 자바코뿔새**(Javan rhinoceros hornbill, *Buceros rhinoceros silvestris*, VU)

105쪽 | **아리엘왕부리새**(Ariel toucan, *Ramphastos ariel*, EN)

위(왼쪽에서 오른쪽으로) | **큰빌비**(greater bilby, *Macrotis lagotis*, VU),
붉은캥거루(red kangaroo, *Macropus rufus*, LC)

아래 | **남아프리카깡충토끼**(springhare, *Pedetes capensis*, LC),
매치나무타기캥거루(Matschie's tree kangaroo, *Dendrolagus matschiei*, EN)

네발가락뛰는쥐(four-toed jerboa, *Allactaga tetradactyla*, DD)

자이언트판다(giant panda, *Ailuropoda melanoleuca*, VU)

"이 판다는 커다랗게 쌓인 대나무를 먹으면서 태평스럽게
아주 오랫동안 앉아 있었다. 나는 하루 종일 사진을 찍을 수도
있었지만, 그만 자리를 떠야 했다."

리본해룡(ribboned seadragon, *Haliichthys taeniophorus*, LC)

버지니아주머니쥐(Virginia opossum, *Didelphis virginiana*, LC) **성체와 어린 개체들**

조엘은 이 어미 주머니쥐와 아기 주머니쥐들을 자기 집 촬영실에서 찍었다. "아기 주머니쥐들이 어미에게서 떨어지지 않으려 해서 더 보기 좋은 사진이 나왔다. 어미는 들러붙는 아기들과 사진 촬영을 모두 잘 견뎌 냈다."

얘비(common yabby, *Cherax destructor*, VU)
조엘은 가재의 일종인 이 얘비에 대해 "집게발을 다쳤다."라고 했고,
사마귀(117쪽)에 대해서는 "포식자를 막아 내려는 기세가 등등했다.
어느 동물이 이 사마귀에게 대들고 그를 잡아먹고 싶어 할까?"라고 말했다

악마꽃사마귀(devil's flower mantis, *Idolomantis diabolica*, NE)

카라칼(caracal, *Caracal caracal*, LC)

은색마모셋(silvery marmoset, *Mico argentatus*, LC)

머리일까, 꼬리일까? ▶◀

여기에 보이는 뱀은 두 마리가 아니다.
약 60센티미터까지 자라고 먹이를 감아서 조여 죽이는
강력한 뱀인 케냐모래보아뱀의 꼬리는 머리를 닮았다.
머리와 꼬리의 유사성은 포식 동물을 완전히
혼동하게 할 수 있는 특징이다.

케냐모래보아뱀(Kenya sand boa, *Eryx colubrinus loveridgei*, NE)

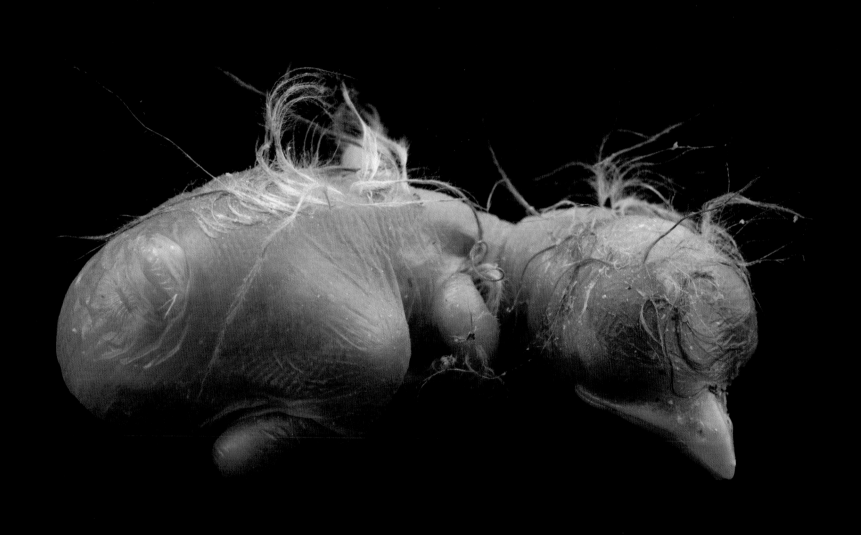

아기 아메리카지빠귀(American robin, *Turdus migratorius*, LC)

텍사스장님도롱뇽(Texas blind salamander,
Eurycea rathbuni, VU)

'포토 아크'의 영웅

존 슈트(John R. Shute), 팻 레이크스(Pat Rakes)
사단 법인 컨서베이션 피셔리스(Conservation Fisheries)
미국 테네시 주 녹스빌

생물학자 팻 레이크스는 테네시 주 에이브럼스 시내(Abrams Creek)에서 야간 수영을 하다가 노란지느러미메기(374~375쪽)가 바위 밑에 숨어 있는 것을 본 적이 있다. "저는 스노클에 대고 환호성을 질렀어요."라고 그는 그때를 회상한다. 그리고 나서 그는 컨서베이션 피셔리스의 공동 설립자이자 동료인 존 슈트를 불렀다. 레이크스는 약 10년 동안이나 복원에 노력한 끝에, 야생에서 산란되어 자란 노란지느러미메기를 찾아냈다. 1950년대에 송어 복원 사업이 실시되면서 노란지느러미메기 종은 멸종 위기에 이르렀다. 사실 1980년대 초에 리틀 테네시 강 인근 지류에서 개체군이 발견되기 전까지 이 종은 멸종한 것으로 여겨졌다. 그리고 이제 이 물고기는 자연 서식지에서 스스로 복원되고 있는 듯하다. "야생에서 이들을 발견하자 정말 손에 땀이 날 정도로 흥분되었어요."라고 슈트는 말한다.

노란지느러미메기는 테네시 주 녹스빌에 위치한 비영리 단체 컨서베이션 피셔리스가 보호하려고 노력해 온 포획 금지 어류 65종 가운데 하나이다. 컨서베이션 피셔리스가 복원해서 자연 서식지로 돌려보낸 물고기는 12종이 넘는다. 이 단체는 미국 남동부 지방 하천의 수생 생물 다양성을 보존하는 데 주력하고 있다. 슈트는 민물고기를 400여 종이나 자연 서식지에 방생한 컨서베이션 피셔리스를 "수생 생물 다양성의 보고"라고 부른다.

또한 컨서베이션 피셔리스는 지역의 주요 단체들이 지역 수생 생물의 아름다움과 중요성에 관해 남녀노소를 교육하는 데에도 기여하고 있다. 교육 참가자들은 지역 하천에 살고 있는 생물을 가까이에서 보기 위해 스노클을 착용한다. 레이크스는 "물속에 얼굴을 넣지 않으면 이 물고기들을 볼 수가 없어요."라고 말한다. 그는 사람들이 세계의 생물 종을 구하기 위해 할 수 있는 크고 작은 일들에 대해 이야기한다. ◆

> "수천 년, 심지어 수백만 년 동안 주변에 존재해 온 모든 종은, 우리가 엄청난 값어치를 부여하는 대부분의 사물보다 훨씬 더 소중하다."
> — 팻 레이크스

존 슈트(가운데)와 팻 레이크스(오른쪽)가 부화장 데이터 관리자 멀리사 페티(Melissa Petty, 왼쪽)와 함께 약 465제곱미터 넓이의 시설 안에 있는 라이트테이블 주위에 둘러 서서 물고기를 보고 있다. 이 단체는 한 번에 보통 약 25종의 물고기를 다루는데, 이 라이트테이블을 이용하면 물고기를 다치게 하지 않고도 유전자 표본을 수집할 수 있다.

126쪽 | **바위시어**(boulder darter, *Etheostoma wapiti*, VU)

흰바위산양(mountain goat, *Oreamnos americanus*, LC)

알비노 북아메리카호저(North American porcupine, *Erethizon dorsatum*, LC)

"이 알비노 호저는 네브래스카 주 고속 도로에서 차에 치인 후, 구조된 지점의 인근 지명을 따 핼시(Halsey)라고 이름 지어졌다. 비록 이빨의 상태가 야생으로 돌아갈 수 없을 정도이지만 현재 핼시는 잘 자라고 있다."

사우스조지아임금펭귄(South Georgia king penguin,
Aptenodytes patagonicus patagonicus, LC)

2장 ▶▶

짝

손에 손잡고, 나란히 나란히, 쌍쌍이. 동물에게는 짝을 이루려는 본능 같은 것이 있다. 무엇보다, 숫자가 더 많아지려면 필시 둘은 짝을 이루어야 한다. 어떤 동물은 이런 결합이 찰나처럼 짧다. 또 어떤 동물은 이런 결합이 평생 지속된다.

우리 인간도 마찬가지이다. 서로에게 짧은 인연일 수도 있고, 헌신적인 일생의 동반자일 수도 있고, 환경에서 비롯하는 독특한 결합일 수도 있다. 형제 자매, 부모 자식, 단짝 친구, 연인. 자연이 우리에게 선사하는 이 모든 종류의 동반자 관계에서 우리는 다툼과 조화로 이루어지는 혈연과 친분, 협력과 유대의 아름다움을 느낀다. 일생을 함께 살아가는 생물에는 확연히 구분되는 두 종류가 있다.

털이 보송보송한 쇠펭귄(144쪽) 쌍은 입맞춤을 하며 껴안고 있는 듯하다. 중앙아메리카의 타바사라도둑개구리(145쪽)도 그들만의 독특한 방식으로 입맞춤을 나누고 있다. 그런가 하면 빨판상어(155쪽)는 다른 종과 서로 매우 중요한 공생 협력 관계(symbiotic partnership)를 이룬다. 이 작은 물고기는 숙주인 큰 상어의 몸통에 올라탄다. (입속에 들어가기도 한다.) 간간이 큰 상어의 입속에 낀 찌꺼기를 먹기도 하고, 숙주에게 해를 끼칠 수 있는 기생충을 제거하기도 한다. 한 종이 다수가 모여 이루는 협력 관계도 있다. 큰별산호(160쪽), 얼룩무늬쌍살벌(161쪽), 잎꾼개미(168~169쪽). 이들에게 협력 관계는 군집(community)으로 나타난다.

아프리카사냥개(180~181쪽)처럼 거의 똑같아 보이는 짝이 있는가 하면, 서로 상당히 달라 보이는 짝도 있다. 그래서 우리는 이들이 서로 짝이 아니라고 생각할 수도 있다. 기아나루피콜새(182~183쪽)를 보자. 수컷은 볏과 화려한 오렌지색 외모를 뽐내는 반면, 암컷은 황갈색 깃털로 치장하고 있다.

우리가 이야기로 엮어 짝지은 동물도 있다. 올빼미와 어린 고양이, 새와 벌, (록 밴드 비틀스(Beatles)를 연상시키는) 딱정벌레(beetles). 이들은 유대감, 영혼, 환경에서 비롯된 동반 관계이다.

쌍쌍이, 나란히 나란히, 손에 손잡고, 함께 우리는 방주를 만들며 온 세상을 휘돌아다니고 있다. ◆

133쪽 | **서부레서판다**(western red panda, *Ailurus fulgens fulgens*, EN)
134쪽 | **붉은가슴앵무**(red-breasted parakeet, *Psittacula alexandri*, NT) **암컷**(왼쪽)**과 수컷**

올빼미와 어린 고양이 ▶▶

"이 올빼미는 매우 당돌해 보였다. 집고양이처럼 온순해 보이던
호랑고양이(137쪽)는 가만히 앉아서 나를 응시했다. 이처럼 얼룩무늬가
있는 작은 고양이들은 이들의 털을 탐하는 사람들에게 오랫동안
죽임을 당해 왔다. 이는 이들의 개체수 감소를 야기한 주요 원인
중 하나이다."

동면하고 있는 북극땅다람쥐(arctic ground squirrel, *Urocitellus parryii*, LC)

긴둥근꼴날개베짱이(oblong-winged katydid,
Amblycorypha oblongifolia, NE)

"대개 베짱이는 초록색이다. 그런데 수천 개의 알 중 하나는 분홍색, 주황색,
노란색 같은 다른 색으로 부화한다. 야생에서 이런 튀는 개체는
네온 사인처럼 두드러져 보여서 금방 잡아먹힌다. 하지만 뉴올리언스 주에
위치한 오듀본 자연 연구소(Audubon Nature Institute)에서는 안전하고
위협을 받지 않고 축복을 받는다. 이 동물원에서는 매년 수천 개의 알을
부화시키면서 더 많은 색 변이체(color variant)가 나타나기를 고대한다."

악어와 악어새 ▶ ▶

오랜 세월 동안 나일악어와 이집트물떼새(143쪽)는 잘 어울리는
짝으로 여겨져 왔다. 나일악어는 이집트물떼새가 자기 입속에
들어가 먹이 찌꺼기를 집어내서 이를 청소하게 허용한다는
것이다. 그런데 자세히 관찰해 본 결과 이 관계는 미신으로
드러났다. 그럼에도 이 두 생물은 아프리카의 물가에서 함께 있는
모습이 관찰된다. 입을 벌린 채 일광욕을 하는 악어가 주변에서
돌아다니는 물떼새를 그냥 가만히 내버려 둔다.

142쪽 | **나일악어**(Nile crocodile, *Crocodylus niloticus*, LC)

143쪽 | **이집트물떼새**(Egyptian plover, *Pluvianus aegyptius*, LC)

쇠펭귄(little penguin, *Eudyptula minor*, LC)

"솜털이 보송보송한 최고의 단짝이다. 이들은 별로 돌아다니지
않고 한자리에 앉아 서로를 보듬었다."

타바사라도둑개구리(Tabasara robber frog, *Craugastor tabasarae*, CR)

새와 벌 ▶ ▶

위(왼쪽에서 오른쪽으로) | **붉은뿔멧새**(red-crested cardinal, *Paroaria coronata*, LC), **붉은배찌르레기**(superb starling, *Lamprotornis superbus*, LC)

아래 | **흰귀고양이지빠귀**(white-eared catbird, *Ailuroedus buccoides*, LC), **노랑핀치**(saffron finch, *Sicalis flaveola*, LC)

위(왼쪽에서 오른쪽으로) | **이색줄무늬땀벌**(bicolored striped sweat bee, *Agapostemon virescens*, NE), **긴수염줄벌류**(long-horned bee, *Tetraloniella* sp.)

아래 | **파라렐라가위벌**(leafcutter bee, *Megachile parallela*, NE), **양봉꿀벌**(honeybee, *Apis mellifera*, DD)

콧수염원숭이(gray-tailed moustached monkey,
Cercopithecus cephus cephodes, LC)

"이 원숭이 쌍은 부모를 잃어 가봉의 수도 리브르빌에 있는
야생 동물 재활 전문가에게 보내졌다. 이들은 서로에게
최고의 친구이며, 놀라거나 놀거나 잠잘 때도 서로에게
계속 달라붙는다."

'포토 아크'의 영웅

돈 버틀러(Don Butler)와 앤 버틀러(Ann Butler)

페즌트 헤븐(Pheasant Heaven)
미국 노스캐롤라이나 주 클린턴

돈 버틀러와 앤 버틀러는 노스캐롤라이나 주 클린턴에 위치한 약 3만 6500제곱미터의 사유지에서 꿩을 돌보며 번식시키고 있다. 페즌트 헤븐이라고 불리는 이들의 집은 희귀 및 멸종 위기 꿩 18종을 위한 보호소 이상의 큰 역할을 한다. 돈 버틀러는 "우리의 천국이기도 합니다."라고 말한다. 이 부부는 직업과 보전 활동의 균형을 맞추고 있다. 이들은 특히 위급(CR) 수준의 멸종 위기 종인 쇠산계(353쪽)를 지켜냈다. 쇠산계는 붉은 다리와 얼굴을 지닌 작은 암청색 꿩이다. 이 새는 2000년 이후 베트남 중부 야생 서식지에서 자취를 감추었다. 포획되어 살아 있는 개체도 500마리가 채 안 된다.

이들은 또한 꿩과 아주 가까이 함께 살고 활동하면서 번식 기술의 돌파구를 열었다. 수년간 낮은 번식 성공률에 고전하던 이 부부는 번식기에 쇠산계 수컷 하나가 암컷 하나하고만 짝짓기를 한다는 통념에서 벗어나기로 했다. 그래서 번식지에다 다수의 수컷과 암컷을 함께 두었다. 그러자 이 새들은 번식기에 새끼 50마리를 길러 냈다.

버틀러 부부는 자신들이 기르는 아름다운 새뿐만 아니라 각자의 지식도 다른 동물원들이나 번식가들과 공유한다. 조엘은 버틀러 부부의 새들을 촬영하는 데 성공했던 경험을 떠올리며 "대부분의 꿩은 너무나 잘 놀라서 멋진 사진을 찍기가 어렵습니다. 하지만 제가 이용하는 촬영 텐트 안에서는 새들이 진정됩니다. 제가 보이지 않으니까요. 새들 앞에는 카메라 렌즈만 있어요."라고 말한다. 앤 버틀러는 "새들이 아주 편안해져서 우리를 안전하게 느끼면 보람도 따르게 마련이죠."라고 말한다. 돈 버틀러는 자기네 부부를 대변하듯 한마디 덧붙인다. "제가 살아서 이 새들을 돕는 한 이들은 사라지지 않을 겁니다." ◆

> **"아무리 작고 하찮아 보일지라도
> 모든 동물은 자연의 정교한
> 균형을 맞추는 데 제 역할을 한다."**
> — 돈 버틀러

돈 버틀러와 앤 버틀러 부부가
암컷 캐벗트라고판(Cabot's tragopan, *Tragopan caboti*, VU)의
건강을 진단하고 있다.

"이 동물은 지극히 영리하고 격하다.
이들은 촬영장의 흰 종이 배경을 갈가리 찢어 놓았다."

기회주의적 무임 편승자 ▶ ▶

빨판상엇과(Echeneidae)에 속하는 빨판상어(155쪽)는 모두 앞쪽 등지느러미에
타원형 빨판이 있어서 이것으로 숙주 동물, 특히 인도-태평양(Indo-Pacific,
인도양과 서태평양의 열대 수역을 포함하는 생물 지리학적 해역.—옮긴이)의 산호상어
같은 상어에게 달라붙을 수 있다. 어떤 빨판상어는 그냥 달라붙어서 이동만
하고, 어떤 빨판상어는 숙주의 입과 아가미에 낀 찌꺼기를 먹어 치운다. 또
경우에 따라 실제로 기생충을 제거해서 숙주에게 이득을 주기도 한다.

산호상어(coral catshark, *Atelomycterus marmoratus*, NT)

빨판상어(live sharksucker *Echeneis naucrates* LC)

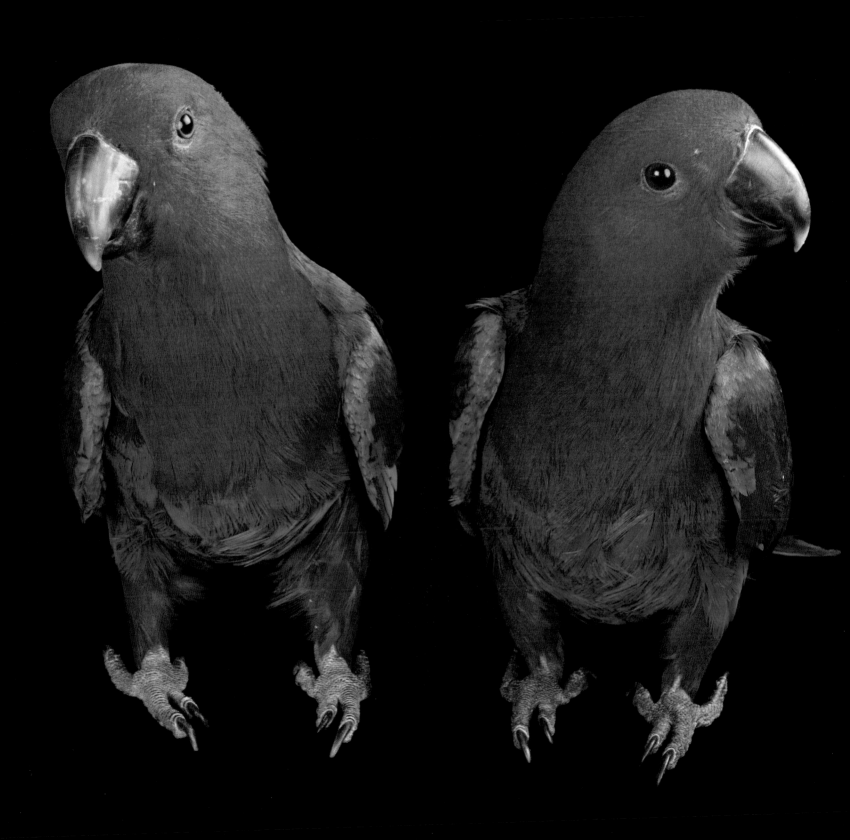

붉은옆구리뉴기니앵무 수컷과 암컷은 색이 확연하게 다르다. 성적 이형(sexual dimorphism)으로 알려진 이 현상은 다른 어떤 앵무 종보다 이 종에서 더 두드러진다. 조류는 대체로 수컷이 더 화려한 색을 뽐내는데, 특이하게도 이 종은 수컷이 선명한 초록색을 띠는 반면 암컷은 강렬한 붉은색을 띤다.

붉은옆구리뉴기니앵무(red-sided eclectus parrot, *Eclectus roratus polychloros*, LC) **암컷**(156쪽)**과 수컷**

큰별산호와 얼룩무늬쌍살벌은 완전히
다른 동물이지만, 두 종 모두 놀라운 방식으로
서로 닮은 구조의 안식처를 만든다.

160쪽 | **큰별산호**(great star coral, *Montastraea cavernosa*, LC)

161쪽 | **얼룩무늬쌍살벌**(zebra paper wasp, *Polistes exclamans*, NE)

161

황금랑구르(Gee's golden langur,
Trachypithecus geei, EN)

"사진 뒤쪽의 암컷은 앞쪽의 수컷과 짝을 이루고 있는데,
이 종의 번식 프로그램에 따르면 인간의 보살핌을
받고 있는 수컷 두 마리와도 짝을 이루고 있다. 그렇다.
이 황금랑구르 가족은 네 마리로 이루어져 있다."

163

고양이와 생쥐 ▶▶

164쪽 | **캐나다스라소니**(Canada lynx, *Lynx canadensis*, LC)

165쪽 | **촉타왓치해변쥐**(Choctawhatchee beach mouse, *Peromyscus polionotus allophrys*, LC)

큰개미핥기(giant anteater, *Myrmecophaga tridactyla*, VU)
성체(아래)와 어린 개체

보넷긴팔원숭이(pileated gibbon, *Hylobates pileatus*, EN)

"보넷긴팔원숭이는 절대 가만히 있지 않는다. 이들은 정말 다루기가 어려워서, 사진을 촬영했다 하면 어김없이 팔이나 다리가 잘린 모습이 찍힌다. 포유동물 가운데 팔이 가장 긴 축에 들며, 사람보다 빨리 나무 사이로 내달릴 수 있다."

텍사스잎꾼개미(Texas leafcutter ant, *Atta texana*, NE)

촬영 뒷이야기

인도 아삼 주립 동·식물원(Assam State Zoo and Botanical Garden)

인도 북동부 아삼 주의 구와하티에 위치한 아삼 주립 동물원은 80여 종을 대표하는 동물 약 600마리를 수용하고 있다. 낮의 열기와 관람객을 피하기 위해 조엘은 이른 아침 시간에 사진을 찍었다. 그래서 늘 생기는 가장 큰 문제는 동물원 건물 바깥에서 충분한 조명을 확보하는 일이었다. 동물원의 전기 기사들이 조엘이 작업하는 곳마다 전선을 이어 넣어 주는 놀라운 능력을 발휘했다. 촬영 3일째 되던 날 과부하로 전원에 불꽃이 일었다. 조엘의 촬영 보조 드루바 두타(Dhruba Dutta)가 해결책을 생각해 냈다. 그 해결책이란 조명 전부를 하나에 연결하는 중앙 집중 시스템이 아니라 따로따로 배치될 수 있는 전원함에 조명을 각각 연결하는 다중 조명 시스템, 즉 모노라이트(monolight)였다.

> **"** 이런 규모의 일을 일일이 챙기며 해 내다 보면 이따금 넋이 나간다. 떠돌아다니는 여행, 오랜 작업 시간, 이동 촬영장의 설치와 해체……. 생각만 해도 진이 빠지는 일이다."

시원한 이른 아침에 조엘은 영장류 우리에서 사진을 찍었다. 그날 늦은 시간에 영장류들이 돌아다니자 조엘과 그의 촬영 팀은 우리 밖에 있는 동물들에게 조명을 비출 방법을 찾아야 했다. 주변 도로를 따라 늘어선 전신주에서 전기를 끌어오는 해결책을 생각해 냈고, 촬영 보조 드루바 두타의 조명을 이용했다. 조엘의 조명은 불안정한 전압 때문에 타 버렸기 때문이다. "내 조명이 타 버린 것은 내게 일어난 최고의 일이었다."라고 조엘은 말한다. "속이 다 시원했다. 그 후로 같은 일이 없었다. 집에 돌아가자마자 모노라이트 세트를 구입했다."

조엘의 촬영에 필요한 전기를 공급하기 위해 이 전기 기사들은 전신주에 사다리를 기대 놓고 꼭대기까지 올라가 고압선에 전선 끝을 직접 연결했다. "이 사람들이 여러 종류의 전선으로 이루어진 거대한 전선 다발을 보여 주더니 전기를 끌어왔습니다."라고 조엘은 말한다.

뱀 우리의 관람객들이 조엘의 촬영을 지켜보고 있다. 촬영 텐트 안의 도마뱀은 편안히 안정을 유지하고 있고, (흰색 셔츠를 입고 관람객 앞에 서 있는) 드루바 두타는 구경꾼들을 통제하고 있다.

히말라야민목독수리(Himalayan griffon, *Gyps himalayensis*, NT)

짧은꼬리마카크(stump-tailed macaque, *Macaca arctoides*, VU)

재규어(jaguar, *Panthera onca*, NT)

"내 기억에, 이들은 흰 종이에 대고 킁킁거리기는 했지만 종이를 찢지는 않았다. 나는 대개 동물이 촬영장에 처음 들어와 두리번거릴 때 좋은 사진을 찍는다."

176쪽 | **아프리카물소**(African buffalo, *Syncerus caffer*, NT)

177쪽 | **분홍가슴파랑새**(lilac-breasted roller, *Coracias caudatus*, LC)

아프리카물소(176쪽) 같은 대형 유제류는 키 큰 풀숲에 들어가
돌아다니다 보면, 풀숲에 숨어 있는 온갖 초록색 작은 생물이나
진흙을 발로 차게 된다. 그러면 분홍가슴파랑새 같은 기회주의적인
새가 따라다니면서 주변에 날아다니는 곤충을 낚아챈다.
분홍가슴파랑새는 먹이 찾기 좋은 위치를 잡기 위해 물소의
머리나 뿔에 내려앉기도 한다.

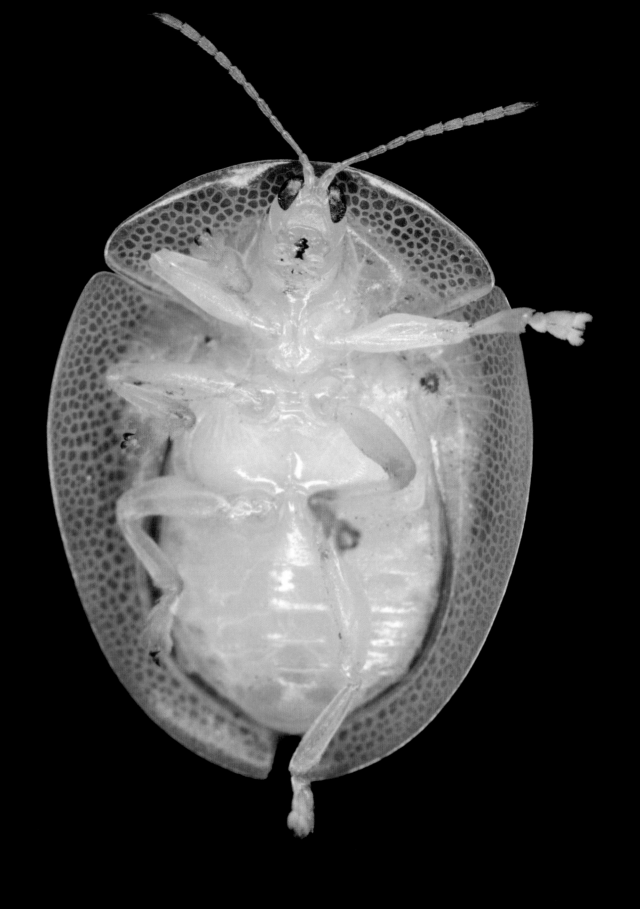

비틀스를 만나요 ▶ ▶

178쪽 | 시트리나남생이잎벌레(tortoise beetle, *Aspidomorpha citrina*, NE)

179쪽 위(왼쪽에서 오른쪽으로) | 거저리류(darkling beetle, *Eleodes* sp., NE),
오리찰카왕풍뎅이(Asian flower beetle, *Agestrata orichalca*, NE)

아래 | **밀키위드잎벌레**(milkweed leaf beetle, *Labidomera clivicollis*, NE),
톱니잎먼지벌레(notch-mouthed ground beetle, *Dicaelus purpuratus*, NE)

아프리카사냥개(African wild dog, *Lycaon pictus*, EN)
"우리는 흰색 배경에 알맞은 소수만 촬영하기 위해
아프리카사냥개 무리를 분리했다. 이들은 촬영장 한쪽에
있는 같은 무리 동료들에게서 눈을 떼지 않았다."

기아나루피콜새(Guianan cock-of-the-rock, *Rupicola rupicola*, LC)
암컷과 수컷(183쪽)

서부로랜드고릴라(western lowland gorilla, *Gorilla gorilla gorilla*, CR)

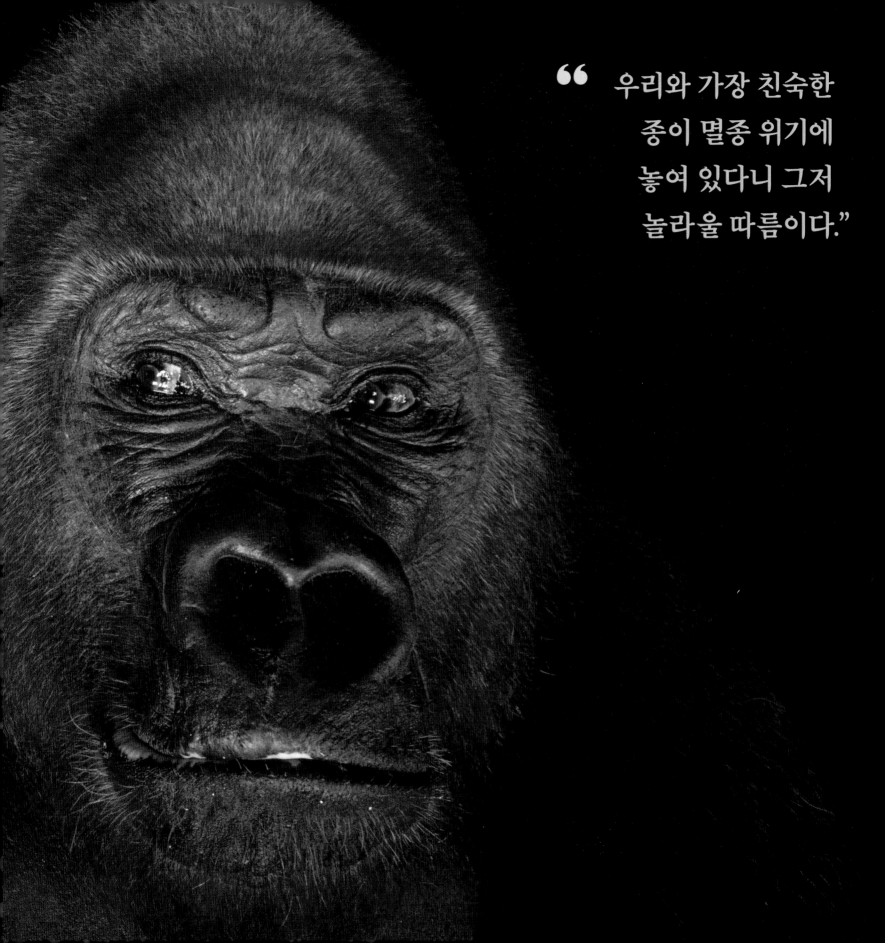

" 우리와 가장 친숙한
종이 멸종 위기에
놓여 있다니 그저
놀라울 따름이다."

여우원숭이잎개구리(lemur leaf frog, *Agalychnis lemur*, CR)

"이 개구리들은 포접(抱接, amplexus)이라는 방식의 교미를 하기 위해 짝을 이루고
있다. 위쪽의 수컷이 더 작은데, 수컷은 암컷 등에 달라붙어 있다가 암컷이
알을 낳으면 수정을 시킨다. 이는 수컷이 자신의 유전 물질을 전달하는 확실한
방법이며, 심지어 잠들어 있을 때도 이 자세로 항상 준비한다."

사바대벌레(Sabah stick insect, *Aretaon asperrimus*, NE)

태즈메이니아주머니너구리(Tasmanian devil, *Sarcophilus harrisii*, EN)

팬지산호(sea pansy, *Renilla muelleri*, NE)

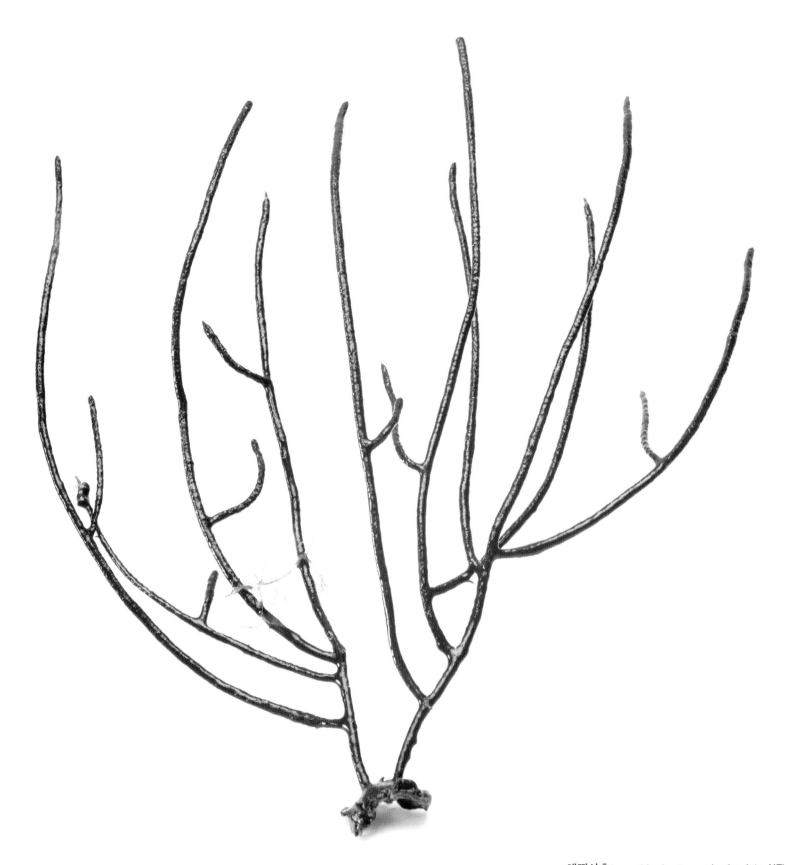

채찍산호(sea whip, *Leptogorgia virgulata*, NE)

192쪽 | **검둥이원숭이**(Celebes crested macaque, *Macaca nigra*, CR)

193쪽 | **술라웨시바비루사**(Sulawesi babirusa, *Babyrousa celebensis*, VU)

남긴 것이라도 찾아서 ▶▶
"검둥이원숭이는 나무 위에서 먹이를 구할 때 길을 따라
열매를 떨어뜨린다. 바비루사는 그 아래를 따라다니면서
원숭이가 남긴 것을 찾는다. 두 동물 모두 살아가는 데
자연림이 필요하다."

히말라야늑대(Himalayan wolf,
Canis himalayensis, LC)

"이 늑대들을 촬영하는 일은 내 반려견을 촬영하는 것과
비슷하다. 이들은 너무나 영리해서 먹이 대접을 받는
동안만 촬영에 응한다. 먹이가 떨어지면 내게 그다지 관심을
보이지 않아서 촬영이 끝나고 만다."

196쪽 | **남부대왕조개**(southern giant clam, *Tridacna derasa*, VU)

197쪽 위(왼쪽에서 오른쪽으로) | **복슬조개**(rough pigtoe pearly mussel, *Pleurobema plenum*, CR),
사슴발굽조개(Deertoe mussel, *Truncilla truncata*, NE), **팬셸**(fanshell, *Cyprogenia stegaria*, CR)

아래 | **히긴스조개**(Higgins' eye pearly mussel, *Lampsilis higginsii*, EN),
북미주름담치(ribbed mussel, *Geukensia demissa*, NE), **세겹주름조개**(threeridge, *Amblema plicata*, LC)

'포토 아크'의 영웅

브라이언 그래트윅(Brian Gratwicke)
스미스소니언 협회 열대 연구소
(Tropical Research Institute, Smithsonian Institution)
파나마 감보아

스미스소니언 협회 열대 연구소의 보전 생물학자인 브라이언 그래트윅은 양서류를 보호함으로써 파나마의 풍부한 생물 다양성을 지키고 있다. 파나마의 양서류 214종 가운데 다수는 과학자들이 파악하려고 애쓰고 있는, 개구리 폐사를 유발하는 곰팡이성 질병인 항아리곰팡이병(chytridiomycosis)과 사투를 벌이고 있다. 그래서 그래트윅은 멸종 위기에 처한 개구리에 대한 포획 번식 프로그램을 수립하기 위해 작업을 서둘러 왔다.

이 곰팡이성 질병의 치료법을 연구하면서 그의 연구진은 이 병에 걸리고도 살아남은 개구리의 유전자를 분석하고 있다. 이들은 또한 파나마금개구리(Panamanian golden frog, *Atelopus zeteki*, CR) 군집에 프로바이오틱스(probiotics, 유해 미생물에 대한 저항성을 높여 숙주의 건강을 증진시키는 유익한 생균. ─ 옮긴이)의 질병 저항성 증대 효과를 시험하고 있다. "어느 종이든 개체마다 질병에 걸린 결과가 다를 수 있습니다. 왜 어떤 개구리는 살아남고 어떤 개구리는 죽는지 설명할 수 있다면, 이는 동물계 전체에 중요한 일일 것입니다."라고 그는 말한다. 또한 그래트윅과 그의 연구진은 건강한 개구리를 야생 서식지에 방생하는 데 초점을 맞추고 있다. 현재 감보아에 있는 스미스소니언 협회 열대 연구소의 현장 기지는 세계에서 가장 큰 양서류 보전 센터이다. 그래트윅은 "이 시설이 갖추어진 이래 우리는 개구리 농장주가 되어 가고 있습니다."라고 말한다.

그래트윅은 짐바브웨에서 자란 유년 시절 연못에서 물고기를 잡아 무슨 물고기인지 알아내는 일을 좋아했다고 하는데, 양서류는 물고기와 달리 늘 가까이 있었다고 한다. "하루 종일 허리까지 빠지는 진흙 속에 있다 보면 올챙이를 만나게 마련이죠."라고 그는 말한다. 그가 하는 일이 특정 동물에 초점이 맞추어져 있기는 하지만 그는 모든 생물의 편에 서 있다. ◆

> " 개구리 소리는 자연의 배경 음악이다. 각 종은 저마다 고유한 역사를 지니고 있어서 우리가 눈여겨보고 귀담아들을 여유를 가지면 그것을 공유할 수 있다."
>
> ─ 브라이언 그래트윅

| **할리퀸개구리**(limosa harlequin frog, *Atelopus limosus*, EN)

브라이언 그래트윅이 파나마 감보아에 위치한 스미스소니언 협회 열대 연구소
현장 기지에서 번식시키고 있는 많은 종 가운데 하나이자 위급(CR) 수준의
멸종 위기 종인 할리퀸개구리가 든 통을 들고 있다.

붉은가슴도요(red knot, *Calidris canutus*, NT)
"붉은가슴도요는 북방 이동을 하는 동안 한 가지 먹이만
먹는다. 투구게(horseshoe crab) 알이다. 투구게를 남획하자
붉은가슴도요와 투구게 모두 급감했다."

3 장

적

우리는 우리가 아닌 것에 이끌린다. 다른 것이 우리의 마음을 사로잡는다. 동물 사이의 친밀한 관계는 유사점뿐 아니라 차이점 때문에 형성되기도 한다. 이런 관계는 경쟁, 적대, 기생, 포식을 기반으로 형성되며, 조화와 동일성에서 비롯되는 관계만큼이나 정체성에 깊은 영향을 미친다.

어떤 동물은 성마르게 이빨을 드러내는 소형 육식 동물인 난쟁이몽구스(210~211쪽)처럼, 또는 육식 동물이면서 영역을 사납게 지키는 태국버들붕어(212~213쪽)처럼 적대감을 타고나기도 하는 듯하다. 아프리카의 바늘꼬리천인조(238쪽)는 붉은뺨청휘조에게서 먹이와 둥지를 도둑질한다. 그런가 하면 삼각 관계 같은 것을 형성하는 동물도 있다. 굴올빼미(224쪽)는 풀밭에 내려앉아서도 안전하게 있으려고 프레리도그(225쪽)의 굴을 빼앗고, 포식 동물(그리고 굴을 빼앗긴 프레리도그)이 가까이 오지 못하게 하려고 방울뱀 소리처럼 들리는 울음소리를 내기도 한다.

마찬가지로 인간도 곧잘 서로 대조적인 것들로 세계를 구성하려고 한다. 대조 스펙트럼의 양쪽 극단에 있는 것들이 동물 세계에 대한 우리의 묘사에서 매혹적인 관계를 형성한다. 정원달팽이(208쪽)는 천천히 움직이는 반면, 지상에서 가장 빠른 동물인 치타(209쪽)는 전력 질주하면 시속 120킬로미터까지 달릴 수 있다. 노래기류(millipede, 216쪽)는 수백 개의 미세한 다리로 움직이는 반면, 무족도마뱀(217쪽, 이들은 뱀이 아니다.)은 다리 없이도 잘 살아간다.

자연에서는 우리가 관심을 가져 본 적도 없는 대조적인 것들이 모습을 드러낸다. 아프리카의 작은 코끼리땃쥐(elephant shrew) 17종 가운데 하나인 검붉은코끼리땃쥐(235쪽)는 진화의 복잡한 얼개에서 땃쥐보다 코끼리에 가까운 위치에 있다. 중앙아메리카의 북부작은개미핥기(230쪽)는 똑바로 서서 앞다리를 넓게 벌릴 수 있고, 마다가스카르의 여우원숭이 코쿠렐시파카(231쪽)는 몸을 웅크려 동그랗게 말 수 있다. 바닷물고기와 민물고기는 같은 서식지를 공유하지 않지만 같은 세계를 공유하고 있다.

우리도 마찬가지이다. 우리는 이런 동물들을 알아 가면서 그만큼 많은 변이와 미세하지만 절대 작지 않은 차이를 보게 된다. 이것이 바로 지구가 지닌 생물 다양성의 아름다움이며, 우리가 모든 종을 살아 있게 하려는 이유이다. ◆

비단꿩(Himalayan monal, *Lophophorus impejanus*, LC)

"이 사진은 돈 버틀러와 앤 버틀러의 페즌트 헤븐에서 촬영한 것으로,
지금껏 찍은 새 사진 가운데 가장 멋들어진 하나이다. 내가 사용한
조명이 햇빛에 가까운 순백색이어서 정말 선명한 색상이 나왔다."

푸른혀도마뱀(northern blue-tongued skink, *Tiliqua scincoides intermedia*, NE)

"이 도마뱀은 검은 벨벳 배경 막과 나를 자기 혀로 냄새 맡으면서 움직이고 있었다.
카메라 플래시가 번뜩이자, 이름처럼 푸른 혀가 딱 멈추어서 선명하게 보였다."

정원달팽이(garden snail, *Cornu aspersum*, NE)

"이 종에 대해 아는 바가 거의 없지만, 나는 이 종이 놀랍기만 하다."

치타(cheetah, *Acinonyx jubatus*, VU)
"이 동물은 무척이나 점잖았다. 나는 우리 안으로 사육사와
함께 들어갔다. 이 동물이 위엄 있고 차분해 보인다면,
그것은 실제로 그러했기 때문이다."

난쟁이몽구스(common dwarf mongoose, *Helogale parvula*, LC)

"몽구스는 절대
가만히 있지 않는다.
늘 주변 것들에
호기심을 갖고
탐색한다."

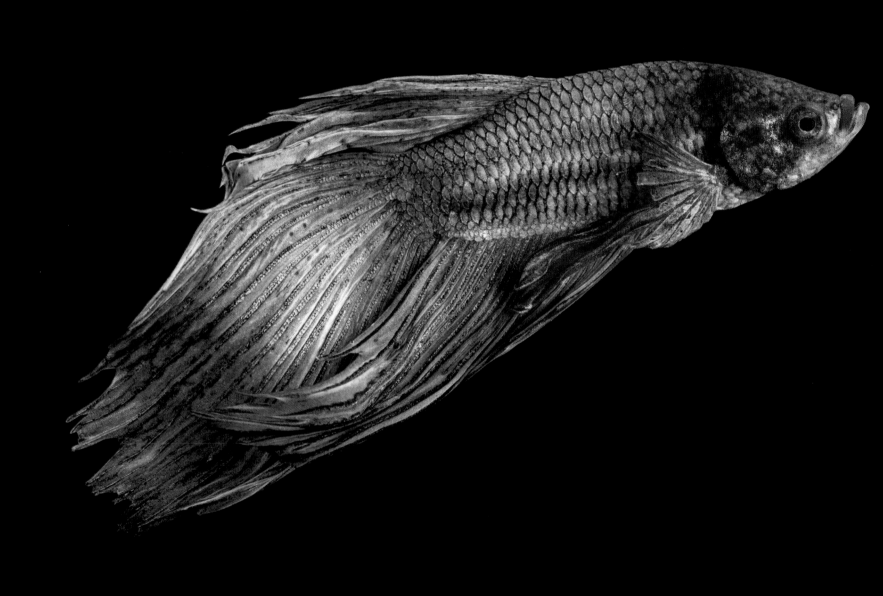

태국버들붕어(Siamese fighting fish, *Betta splendens*, VU)
"다른 수컷을 만날 때마다 지느러미를 번쩍번쩍 펄럭이며 싸우는
것으로 알려진 이 물고기는 애완 동물로 거래되면서 점점 더 긴
지느러미를 갖도록 육종되어 왔다."

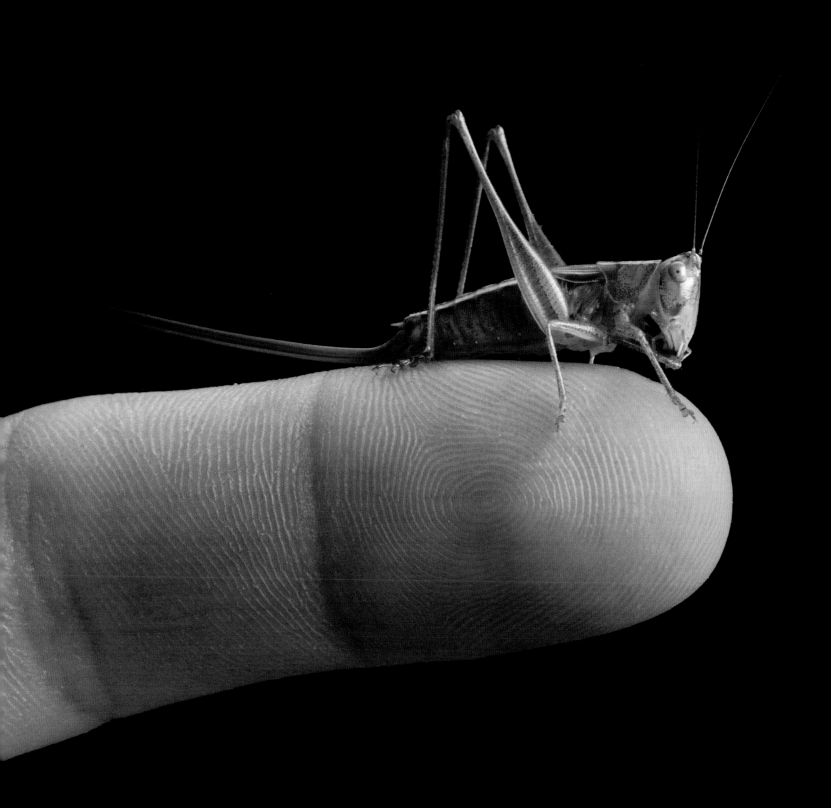

검투사여치(gladiator meadow katydid, *Orchelimum gladiator*, NE)

골리앗왕대벌레(Goliath stick insect, *Eurycnema goliath*, LC)
"이 동물은 세계에서 가장 큰 곤충에 속한다. 나는 사진 구도 안에
인간의 손이나 팔을 넣고 싶지 않지만 간혹 크기를
알려 주기 위해 어쩔 수 없이 그렇게 한다."

216쪽 | **노래기**(millipede, *Diplopoda* sp.)

217쪽 | **유럽무족도마뱀**(European legless lizard, *Pseudopus apodus*, NE)

다리의 가치 ◀▶

동물과 식물을 구분 짓는 특징 중 하나는 지느러미나
날개나 다리가 가능케 하는 운동성이다. 노래기류는 다리가
수백 개인데, 어느 노래기 종의 다리는 무려 750개나 된다.
반면에 무족도마뱀은 퇴화되어 다리 기능을 못 하는,
아주 작은 다리만 남아 있다. 그래서 겉보기에
마치 뱀처럼 미끄러지듯 움직인다.

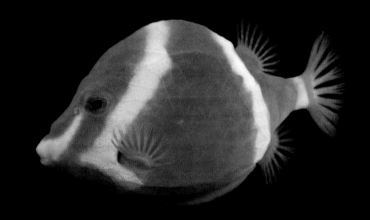

바닷물고기와 민물고기의 색 ◀▶

산호초는 색이 무수히 다양해서 산호초 어류의 노란색과 파란색이 한데 잘 어울린다.
마찬가지로 호수, 연못, 강에 사는 물고기는 콜로라도 강 어종들(219쪽)처럼 자기
주변의 진흙 색을 닮았다.

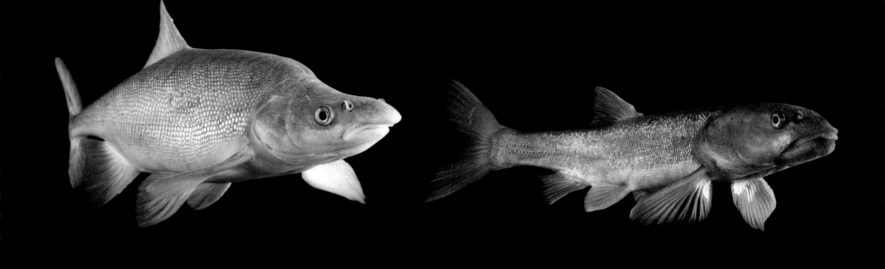

218쪽 위(왼쪽에서 오른쪽으로) | **여우독가시치**(blotched foxface, *Siganus unimaculatus*, NE), **팰릿서전피시**(palette surgeonfish, *Paracanthurus hepatus*, LC).

아래 | **흰줄붉은복**(white-barred boxfish, *Anoplocapros lenticularis*, NE), **코럴뷰티에인절피시**(two-spined angelfish, *Centropyge bispinosa*, LC)

219쪽 위(왼쪽에서 오른쪽으로) | **혹등빨판상어**(razorback sucker, *Xyrauchen texanus*, CR), **보니테일처브**(bonytail chub, *Gila elegans*, CR)

아래 | **혹등처브**(humpback chub, *Gila cypha*, EN), **콜로라도피케미노**(Colorado pikeminnow, *Ptychocheilus lucius*, VU)

"몬터레이 만 수족관에
있는 흰물떼새는
안전을 지키고
체온을 유지하기 위해
함께 모여 몸을 움츠린다.
한 마리만 빼고.
늘 한 마리만 따로 있다."

서부흰물떼새(western snowy plover,
Charadrius nivosus nivosus, NT)

'포토 아크'의 영웅

크리스 홈스(Chris Holmes)

휴스턴 동물원(Houston Zoo)
미국 텍사스 주 휴스턴

크리스 홈스는 20년 전 휴스턴 동물원에서 청소년 자원 봉사자로 활동할 때 처음 본 푸른부리봉관조가 사실 아주 매력 있어 보이지는 않았다고 고백한다. "그 새가 마음에 들지 않았어요. 새장 문을 향해 돌진해서 밖으로 나가려 했어요."라고 회상한다. 당시 그는 그를 지도하던 학예사에게 "저 새는 멍청이예요."라고 말했다. 당시 조류 분과의 보조 학예사였던 트레이 토드(Trey Todd)는 이 위급(CR) 수준의 멸종 위기 종에게 연민을 보이며 누군가는 저 새가 살아남을 수 있게 돕기를 바란다고 답했다. "제가 그 누군가가 되리라곤 상상도 못 했어요."라고 홈스는 말한다.

콜롬비아 북부가 원산지이고 콜롬비아 문화와 깊은 관련이 있는 푸른부리봉관조는 현재 야생에 약 250마리가 남아 있다. 휴스턴 동물원은 30여 마리의 푸른부리봉관조를 부화시켜서 다른 동물원에 보내 자체 보전 프로그램을 시행했다. 바랑키야 동물원(Barranquilla Zoo)의 콜롬비아 원주민 미리암 살라자르(Myriam Salazar)와 긴밀히 협력하면서 홈스는 전국적인 보전 프로그램을 전개하는 데 일조했다. 2014년에는 콜롬비아 사람 라파엘 비에이라(Rafael Vieira)와 기예르모 갈비스(Guillermo Galviz)의 결정적 도움을 받아 바루 섬에 위치한 콜롬비아 국립 조류 사육장(National Aviary of Colombia)에서 초기 포획 개체들의 알을 부화시켰다. 홈스는 "중대한 진전이 있었습니다."라고 말한다.

홈스의 주된 관심사는 보전 활동가, 공무원을 도와 이 새를 원래 서식지에서 번식시키고 기르는 일이다. "답사를 하다 보면 복원을 가로막는 장벽과 그 장벽을 낮추는 법을 알게 됩니다." 2015년 12월 콜롬비아의 한 워크숍에서 홈스는 이 종에 대한 5개년 보전 계획을 발표했다.

처음에 괴팍한 날짐승으로 여겼던 푸른부리봉관조를 돌보게 된 홈스는 결국 이 종에게 매료되었다. 그는 왼쪽 위팔에 푸른부리봉관조 문신을 새겼으며, 더는 이 새를 멍청이라고 부르지 않는다. "누구든 이들의 품성에 반하지 않을 수 없어요."라고 그는 말한다. ◆

> **"** 개인적으로 나는 이 일을 하면서 우리 모두가 어떻게 연결되어 있는지 깨달았다."
> — 크리스 홈스

크리스 홈스가 수컷 자바공작(green peafowl, *Pavo muticus*, EN)을 조엘의
촬영장으로 옮기고 있다. "촬영 텐트에 공작 꼬리가 들어맞게 하는 일이
어려웠습니다."라고 홈스는 말한다. 자바공작은 공작 두 종 가운데
더 심각한 멸종 위기에 처해 있다.

222쪽 | **푸른부리봉관조**(blue-billed curassow, *Crax alberti*, CR)

생태적 협력 ◀▶

프레리도그(225쪽)는 북아메리카 대초원의 풀밭 밑에, 마을이라고
불리기도 하는 복잡한 시스템의 굴을 구축한다. 굴올빼미와 방울뱀을 비롯한
다른 동물들이 이들의 굴을 빼앗기도 한다. 이들이 굴을 파면 토양에
공기가 통하는데, 이는 초원의 자연 서식지에서 매우 중요한 역할을 한다.
"이들의 마을은 대초원 생태계를 떠받치는 거대한 원동력이다.
바다의 산호초와 같다고 할 수 있다."

서부다이아몬드방울뱀(western diamondback rattlesnake, *Crotalus atrox*, LC)

굴올빼미(burrowing owl, *Athene cunicularia troglodytes*, LC)

같은 종, 다른 외피 ◀▶

외피는 서로 달라 보이지만 이 두 고양잇과 동물은 같은 종에 속한
표범이다. 왼쪽의 표범은 위장하기 좋은 전형적인 표범 얼룩무늬를 지녔고,
오른쪽의 표범은 특정한 빛에서만 잘 보이는 얼룩무늬를 지녔다.
오른쪽 표범은 흑색증(melanism)이라는 질환에 걸려 있기도 하다.
흑색증은 검은색 변이체를 만드는 열성 유전자로 인해 발생하며,
표범과 재규어에서 주로 생기는 것으로 알려져 있다.

거미게(common spider crab, *Libinia emarginata*, NE)

자이언트게거미(giant crab spider, *Olios* sp., NE)

북부작은개미핥기
(northern tamandua, *Tamandua mexicana*, LC)

"북부작은개미핥기는 위험을 느끼면 똑바로
일어선다고 한다. 이들의 큰 발톱은 가히 위협적이다."

코쿠렐시파카(Coquerel's sifaka, *Propithecus coquereli*, EN)

위(왼쪽에서 오른쪽으로) | **스페인숄갯민숭달팽이**(Spanish shawl nudibranch, *Flabellina iodinea*, NE),
여신갯민숭달팽이(regal goddess nudibranch, *Felimare picta*, NE),
캘리포니아표범갯민숭달팽이(California aglaja nudibranch, *Navanax inermis*, NE)

가운데 | **군소갯민숭달팽이**(California sea hare, *Aplysia californica*, NE), **홉킨장미갯민숭달팽이**(Hopkin's rose nudibranch, *Hopkinsia rosacea*, NE),
상추갯민숭달팽이(lettuce sea slug, *Tridachia crispata*, NE)

아래 | **혹갯민숭달팽이**(warty nudibranch, *Dendro wartii*, NE), **사자갈기갯민숭달팽이**(lion's mane nudibranch, *Melibe leonina*, NE)

얼룩민달팽이(leopard slug, *Limax maximus*, LC)

234쪽 | 아시아코끼리(Asian elephant, *Elephas maximus*, EN)

235쪽 | 검은흑코끼리땃쥐(black and rufous elephant shrew, *Rhynchocyon petersi*, LC)

236쪽 | **붉은성게**(red sea urchin,
Strongylocentrotus franciscanus, NE)

237쪽 | **대서양바다거미**(Atlantic sea spider,
Pycnogonida sp., NE)

둥지 침입자 ◀▶

천인조를 경계하라. 이 아프리카 새는 다른 새의 둥지에
알을 낳는다. 원래의 둥지 주인으로는 청휘조와
여타 씨앗 먹는 되새류가 있다. 이렇게 탁란(托卵)을 하면
천인조에게 무슨 이득이 있을까? 원래의 둥지 주인이
천인조의 새끼를 자기 새끼로 키우게 된다.

238쪽 | **바늘꼬리천인조**(pin-tailed whydah, *Vidua macroura*, LC)
239쪽 | **푸른머리청휘조**(blue-capped cordonbleus, *Uraeginthus cyanocephalus*, LC)

촬영 뒷이야기

" 포토 아크 촬영을 할 때는 평범한 날이란 없다. 독을 지닌 동물이나 입때껏 본 적도 없는 별난 모양의 곤충을 찍는 일부터, 난생 처음 새끼 재규어에게 젖병을 물리는 일까지, 상상해 보시라."

도미니카 공화국 국립 동물원(National Zoological Park, Dominican Republic)

조엘은 카리브 해의 히스파니올라 섬에만 서식하는 수많은 종을 촬영하기 위해 도미니카 공화국의 가장 큰 동물원에서 작업을 했다. 늘 그렇듯이 그는 여정 관리와 촬영 보조를 친구들과 보전 활동가들에게 맡겼다. 조엘은 도미니카 공화국의 수도 산토도밍고를 방문한 것에 대해 이렇게 말했다. "내 친구 엘라디오 페르난데스(Eladio Fernandez)가 이번 여정을 챙겼습니다." 이번 방문에서 조엘은 히스파니올라후티아(242쪽)와 히스파니올라대롱니쥐(243쪽)를 찍을 수 있었다. 땃쥐를 닮은 히스파니올라대롱니쥐를 두고 조엘은 "표독스럽게 생겼다."라고 말한다. 히스파니올라대롱니쥐는 아래 앞니로 적에게 독이 든 침을 주입할 수 있다. 이럴 때 "생긴 대로 산다."라고 말할 수 있다.

히스파니올라말똥가리(Ridgway's hawk, *Buteo ridgwayi*, CR)를 촬영하면서 조엘은 피사체를 가두어 안정시키기 위해 부드러운 소재의 텐트를 이용했다. 그 덕분에 접사를 찍을 수 있었다.

조엘의 아들 콜(Cole)이 종종 촬영을 거든다. 그렇다고 꼭 카메라나 조명 다루는 일만 돕는 것은 아니다. 조엘은 콜에게 말한다. "촬영 작업에서 누릴 수 있는 특별한 경험이 있단다. 간혹 누군가가 너에게 젖병을 건네면서 새끼 재규어에게 젖을 먹이라고 할지도 몰라."

방금 촬영한 검은봉관조(black curassow, *Crax alector*, VU)를 포함한 조엘의 촬영 팀이 하루 일정을 마치면서 기념 사진을 찍고 있다. 대부분의 촬영에는 수많은 도움이 필요하며, 사육사와 자원 봉사자가 주로 그 역할을 한다.

히스파니올라후티아(Hispaniolan hutia,
Plagiodontia aedium, EN)

히스파니올라대롱니쥐(Hispaniolan solenodon, *Solenodon paradoxus*, EN)

숲붉은꼬리검은코카투(forest red-tailed black cockatoo, *Calyptorhynchus banksii naso*, LC)

> **크고 작은 모든 생물이 저마다의 가치와 존엄을 지니고 있다. 그러므로 존재할 기본권이 모두에게 주어져야 마땅하다."**

줄무늬도마뱀붙이(banded leaf-toed gecko, *Hemidactylus fasciatus*, NE)
"이 줄무늬도마뱀붙이는 내가 서아프리카에서 한밤중에 텐트에서 자고 있을 때 내 얼굴을 가로지르며 기어갔다. 어둠 속에서 나는 공포에 질려 그것을 잡아채 휙 던져 버렸다. 그러고 나서 헤드라이트를 켜고 보니 꼬리가 바닥에 떨어져 있었고 줄무늬도마뱀붙이는 천장으로 올라가 있었다. 그때 나는 둘을 다시 붙여 놓고 사진을 찍고 싶은 생각이 들었다. 줄무늬도마뱀붙이의 꼬리는 나중에 새로 자라난다."

독이 든 딸기 ◀▶

모두 같은 종이지만 이 형태들은 딸기독화살개구리에서 볼 수 있는
다양한 생김새와 색의 일부일 뿐이다. 그래서 이름도 이 종의 일부
개체에서 두드러져 보이는 선명한 딸깃빛 빨강(berry red)에서 따왔다.
형태가 워낙 다양해서 대부분은 서식지나 색깔 패턴에 따라 이름이
지어진다. 일부 변이체는 희귀하거나 국소적인 원산지에서만 서식한다.

딸기독화살개구리(strawberry poison dart frog, *Oophaga pumilio*, LC)의 다양한 형태.

위(왼쪽에서 오른쪽으로) | 미지정, 황색 단계, 미지정.
가운데 | 라그루타(La Gruta)형, 알미란테(Almirante)형, 브루노(Bruno)형.
아래 | 히우브랑쿠(Rio Branco)형, 청색 단계, 브리브리(Bri Bri)형.

이구아나만갈라파고스땅거북(Cerro Azul Giant tortoise, *Chelonoidis vicina*, EN)

코아후일라상자거북(Aquatic box turtle, *Terrapene coahuila*, EN)

252쪽 | 유타밀크스네이크(Utah milk snake, *Lampropeltis gentilis*, LC)

253쪽 | 동부산호뱀(eastern coral snake, *Micrurus fulvius*, LC)

빨강 다음 노랑은 독사일까 아닐까? ◀▶

의태를 하는 것이나 의태를 알아보는 것은 동물이나 인간에게
유익하다. 유타밀크스네이크(252쪽)는 미국 유타 주를 벗어난
먼 지역에서도 볼 수 있는데, 비슷한 형태이면서 독이 있는
동부산호뱀과 영역이 겹치는 경우는 드물다.
그래도 이 시를 외워 두는 것이 좋다.
"빨강 다음 노랑은 친구를 죽이고, 빨강 다음 검정은 친구라네."

'포토 아크'의 영웅

루트비히 지페르트(Ludwig Siefert)
우간다 육식 동물 프로그램(Uganda Carnivore Program)
우간다 서부

1990년대 탄자니아에서는 사자들이 죽어 가고 있었다. 그래서 야생 동물 수의사 루트비히 지페르트는 인접국 우간다에서 사자들에게 닥친 위협을 연구하기 시작했다. 사자 무리를 감시한 그와 그의 연구진은 이 대형 고양잇과 동물이 가축을 위협할 때마다 독극물에 중독된다는 사실을 밝혀냈다. 당시는 우간다 대형 포식 동물 프로젝트(Uganda Large Predator Project)가 시행된 시점이었다.

현재는 우간다 육식 동물 프로그램으로 명칭이 바뀐 이 프로젝트의 책임자로서 지페르트는 주로 우간다 서부의 퀸엘리자베스 국립 공원(Queen Elizabeth National Park)에서 일한다. 공원 경계 안팎으로 무려 10만 명이나 살고 있었기에 지페르트는 인간과, 그 주변에 사는 사자, 표범, 하이에나 사이의 충돌을 줄일 수 있는 방법을 찾는 데 골몰했다. 이 프로젝트는 지역 주민과 소통을 하고 유대를 쌓기 위해 회의를 개최했는데, 그의 말에 따르면 "설문 응답자의 80퍼센트 이상이 보전에 참여하고 싶다고 답했다." 공원 관람객들은 야생 동물 투어를 함으로써 보전 사업에 대해서도 알 수 있다. "관람객이 개별 사자에게 강한 유대감을 갖게 되면 사자를 보전하는 데 무엇이 필요한지 더 잘 이해할 수 있게 됩니다."라고 지페르트는 말한다.

우간다 육식 동물 프로그램의 지역 공동체 기반 사업에서는 (동물과의 충돌을 줄이기 위해) 마을 울타리의 보강을 지원하거나, 지역 학교들을 독려해 야외에 나가 조류 숫자를 세서 그 결과를 국제 데이터베이스에 추가하도록 하는 일도 할 수 있었다. 지페르트는 자기 돈으로 무선 추적 장치나 자동차 연료를 구입하거나, 과거의 적을 동지로 바꾸는 프로그램을 시행하기도 하면서, 인간 거주지 가까이 사는 카리스마 넘치는 포유동물의 미래를 위해 헌신하고 있다. ◆

> " 무심하고 의도적인 파괴에 맞서는 전쟁은 많은 이들이 방관자나 구경꾼이 되지 않기만 해도 이길 수 있다."
> — 루트비히 지페르트

| **사자**(African lion, *Panthera leo*, VU)

루트비히 지페르트와 수석 연구 보조인
제임스 칼예와(James Kalyewa)가 광역 감시 기술을 이용해
우간다에서 대형 포식 동물의 이동을 추적하고 있다.

동기 간 적대 ◀▶

조엘이 촬영하는 동안 어린 긴꼬리검은찌르레기 동기(형제 자매)들이
서로에게 꽥꽥거리고 있다. 자연계에서 동기 간 적대는
치명적일 수 있다. "강한 개체가 몸무게가 더 나가고 힘이 세지면
먹이 경쟁에서 둥지의 다른 동기들을 압도한다.
그리고 간혹 둥지 밖으로 밀어내 죽게 만들기도 한다."

긴꼬리검은찌르레기(grackle,
Quiscalus quiscula, NT) 새끼들

4 장 ▲▼

호기심

어떤 것들은 정해진 틀과 맞지 않는다. 그래서 우리는 그들을 좋아하기도 한다. '열외자', '이탈자', '개별자', '이단자'. 이 모든 단어에는 특별함, 특이함, 무모함이 담겨 있다. 독립적으로 존재하는 그들을 위한 자리가 세상에 있어야 한다. 대개 그들은 서로를 알아보거나 동반자를 찾아내지만, 비할 데 없이 독보적인 존재로서의 자존감을 잃는 법이 없다.

이 장에서 우리는 닮은꼴이나 짝 또는 적으로 엮이지 않았지만 너무나 사랑스럽고 소중한 나머지 동물들을 찾아볼 수 있을 것이다. 우리가 이들을 빠뜨려 방주에 태우지 않는 일은 없을 것이며, 이 책에서도 빠뜨리지 않았다.

분류 범주가 무색한 종들이 있다. 긴부리가시두더지(262쪽)와 오리너구리(263쪽). 이들은 알을 낳는 포유동물인 단공류(monotreme)이다. 이들의 유전 정보를 해독하면 공룡 시대까지 거슬러 올라가는 동물 진화의 실마리를 풀 수 있다.

온갖 분류학적 경계를 넘나드는 조류도 있다. 키가 인간과 비슷한 아메리카흰두루미(288~289쪽)는 긴 목을 굽혀 아래로 포개서 자기 몸을 살필 수 있다. 오리나 백조와 밀접한 관련이 있어 보이는 남아메리카의 뿔떠들썩오리(266~267쪽)는 꽥꽥 소리를 내고, 날개를 퍼덕거리고, 머리의 '뿔'(사실은 기다란 연골이다.)을 흔들어 대고, 날개 관절 부위에 날카롭게 돌출된 무시무시한 뼈 돌기로 싸우고, 습생 식물을 엮어서 만든 고정되지 않은 둥지에서 새끼를 키운다.

그리고 형태와 서식지가 너무나 특이해서 우리가 동물이라고 부르면서도 놀라움을 금치 못하는 종도 있다. 반짝반짝 빛나는 불가사리(272~273쪽), 가시투성이인 가시복(304쪽), 삐죽삐죽한 가시가 듬성듬성 있는 연필꽂이성게(305쪽). 특이하게도 자그마한 검은집게발게(305쪽)가 연필꽂이성게 위에 기어 올라가 있는 모습이 마치 지구 위의 인간처럼 보인다.

이 책은 이들의 자태를 명확하게 보여 준다. 이 지구에 살아가는 수많은 형태의 생명이 지닌 위대함과 다양성, 변이와 신비를 보라. 그중 작디작은 미물도, 기기묘묘한 형태도 얼마나 경이롭고 고귀한가. 우리의 관심과 보살핌이 얼마나 값지겠는가. ◆

259쪽 | **앙골라과일박쥐**(Angolan fruit bat, *Lissonycteris angolensis*, LC),
뱀잡이수리(secretary bird, *Sagittarius serpentarius*, VU)
260쪽 | **원숭이개구리**(waxy monkey frog, *Phyllomedusa sauvagii*, LC)
"이 원숭이개구리는 한쪽 다리를 들어서 우위를 표시하고 있다. 나에게는 위협적이지 않았지만 다른 개구리들에게는 통할 것 같다."

경계를 허물다 ▲▼

가시두더지는 관 모양의 부리로 바닥을 더듬으며 부리 속으로
긴 혀를 내밀어 흰개미, 개미, 지렁이, 여타 먹이를 잡아먹는다.
오리너구리(263쪽)는 오리처럼 부리가 있으며, 수컷은 뒷다리에
독을 분비하는 며느리발톱이 있다. 이 두 동물은 단공류이며,
희귀하게도 알을 낳는 포유동물이다. 유전자 분석에 따르면
두 동물은 수백만 년 전에 갈라졌다.

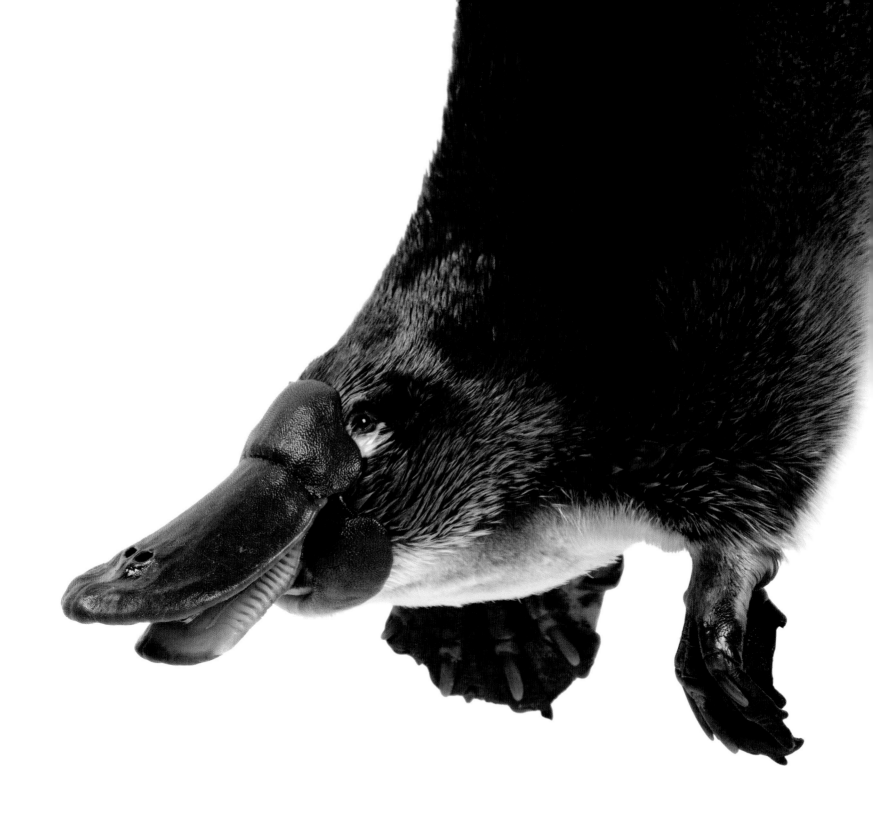

262쪽 | **긴부리가시두더지**(eastern long-beaked echidna, *Zaglossus bartoni*, VU)

263쪽 | **오리너구리**(platypus, *Ornithorhynchus anatinus*, NT)

수포안금붕어(red celestial eye goldfish,
Carassius auratus, LC)**의 돌연변이**

"이 애완용 금붕어는 수천 년은 아니더라도
수백 년 넘게 중국인들이 육종해 왔다. 오늘날 이들은
위쪽을 쳐다보는 형태의 눈 주위로 거품을 내뿜으며
몸통이 짧고, 꼬리 지느러미가 매우 크다. 원래는 무척이나
밋밋한 형태의 야생 잉어였는데 이렇게까지 변했다."

유령안경원숭이(spectral tarsier, *Tarsius tarsier*, VU)
"이 동물의 눈은 커서 빛을 많이 받아들이므로
밤에 돌아다니기에 적합하다."

"이 뿔은 빗자루의 인조 털처럼 보이지만, 사실은 연골로 되어 있다."

아시아뿔개구리(Malaysian horned frog, *Megophrys nasuta*, LC)

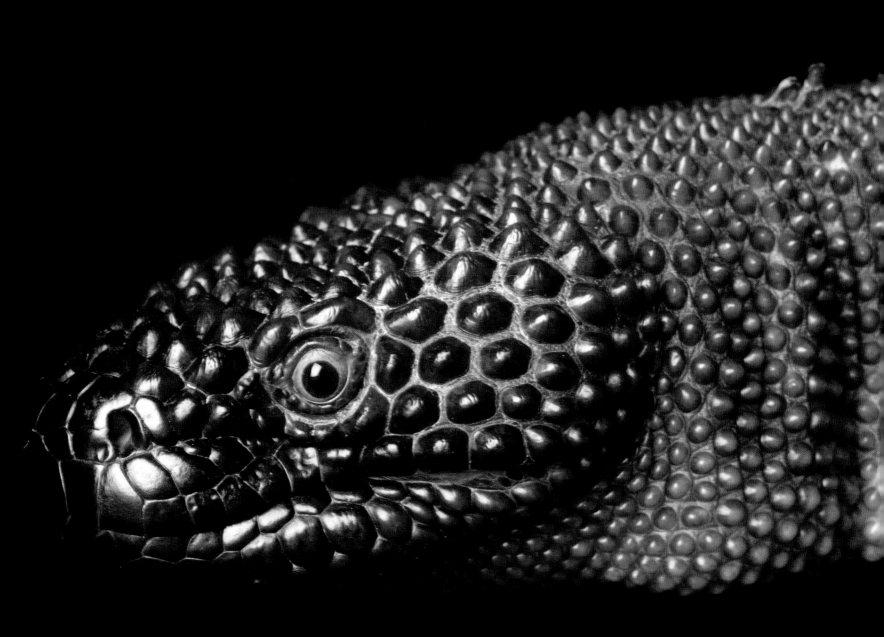

리오푸에르테독도마뱀(Rio Fuerte beaded lizard, *Heloderma horridum exasperatum*, LC)

위(왼쪽에서 오른쪽으로) | **박쥐불가사리**(bat star, *Patiria miniata*, NE),
미끈애기불가사리(Pacific blood star, *Henricia leviuscula*, NE)

아래 | **무지개불가사리**(rainbow sea star, *Orthasterias koehleri*, NE),
입방불가사리(cushion starfish, *Pteraster tesselatus*, NE)

위(왼쪽에서 오른쪽으로) | **자주불가사리**(purple sea star, *Pisaster ochraceus*, NE),
가죽불가사리(leather star, *Dermasterias imbricata*, NE)

아래 | **주홍불가사리**(Vermillion sea star, *Mediaster aequalis*, NE),
청거미불가사리(green and gold brittle star, *Ophiarachna incrassata*, NE)

273

할로윈잠자리(halloween pennant dragonfly, *Celithemis eponina*, LC)

'포토 아크'의 영웅

틸로 나들러(Tilo Nadler)

멸종 위기 영장류 구조 센터(Endangered Primate Rescue Center, EPRC)
베트남 꾹프엉 국립 공원(Cúc Phương National Park)

독일 태생인 틸로 나들러는 20여 년 전 베트남으로 여행을 갔다가 본 장면 때문에 인생이 완전히 바뀌었다. 많은 야생 동물들이 이국적인 애완 동물로 팔려 나가느라 인근 국경 너머로 운반되고 있었다. 공무원들이 위급(CR) 수준의 멸종 위기 종인 북부흰뺨긴팔원숭이(northern white-cheeked gibbon, *Nomascus leucogenys*, CR)를 포함한 그 동물들을 압수하더라도 대개는 그들을 계류할 곳이 없었다. 나들러는 멸종 위기 영장류 구조 센터를 설립해 이에 대응했다. 이곳은 암시장에서 압수된, 학대받은 동물을 돌보기 위해 인도차이나 반도 지역에 설립된 최초의 구조 센터이다. 구조된 영장류들은 살아남았을 뿐만 아니라, 주변 숲에서 수확된 신선한 먹이를 먹으며 건강하게 자랐다.

꾹프엉 국립 공원 변두리에 위치한 멸종 위기 영장류 구조 센터는 이제 영장류 15종 180여 마리의 보금자리가 되었다. 그중 다른 곳에서 볼 수 없는 6종은 따로 가두어 보호하고 있다. 이제 이들이 돌아갈 수 있는 안전한 야생 지역은 없지만, 그렇다고 나들러와 그의 가족, 그리고 동료 직원들의 열의가 식을 리 없다. 그들은 밀렵을 근절하고, 구조 센터의 동물들을 더 잘 보호하고 돌보다가 언젠가는 야생으로 돌려보내기 위해, 또한 돌려보낼 수 있기를 바라며 끊임없이 노력하고 있다.

나들러는 말한다. "이 지역의 야생 동물 불법 사냥은 상상을 초월합니다." 그는 절박함을 느낀다. "가장 큰 문제는 환경 문제를 교육할 시간이 없다는 겁니다. 교육 프로그램의 효과가 나타나자면 20년이 걸립니다. 이 종들은 10년도 버티지 못합니다." ◆

> **"이것은 나의 일도,
> 나의 직업도 아니다. 하지만 내가
> 다른 무엇을 할 수 있겠는가?"**
> — 틸로 나들러

276쪽 | 회색정강이두크원숭이
(gray-shanked douc langur, *Pygathrix cinerea*, CR)

틸로 나들러가 베트남 꾹프엉 국립 공원 내 멸종 위기 영장류 구조 센터의
보호 시설에 수용된 영장류 15종 가운데 하나인 노란뺨긴팔원숭이
(yellow-cheeked gibbon, *Nomascus gabriellae*, EN)를 살펴보고 있다.

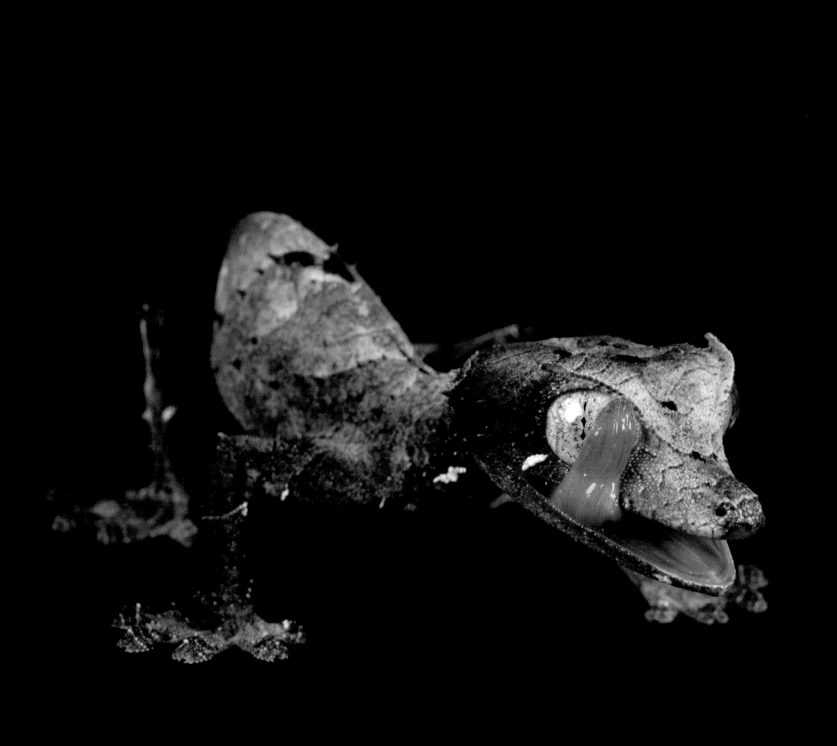

사탄나무잎꼬리도마뱀붙이(satanic leaf-tailed gecko, *Uroplatus phantasticus* | C)

구슬무늬도마뱀붙이(beaded gecko,
Lucasium damaeum, LC)
"도마뱀붙이는 눈꺼풀이 없어서 규칙적으로
눈알을 핥아 깨끗이 한다."

얼룩무늬로 은신하기 ▲▼

이 어린 말레이맥의 부드러운 얼룩무늬는 하층 식생에 드문드문 비치는
햇살을 닮아 거무스름한 숲 바닥과 잘 어우러진다. 이 위장 덕분에
어린 말레이맥은 어미가 먹이를 구하러 나간 동안 혼자서 안전하게
있을 수 있다. 민물에 사는 싱구강가오리(281쪽)의 얼룩덜룩한 보호색도
어른거리는 햇빛과 비슷해서 포식 동물이 위에서 알아보기가 어렵다.

말레이맥(Malay tapir, *Tapirus indicus*, EN)

싱구강가오리(Rio Xingu River stingray, *Potamotrygon leopoldi*, DD)

"악어가 알을 낳는 강기슭을 따라 벌어지는 개발과 수질 오염은 악어의 생존을 위협한다."

어린 인도가비알(Indian gharial, *Gavialis gangeticus*, CR)

"이 악어는 매우 심각한 멸종 위기에 처했고, 현재 인도의 강물은 심하게 오염되어 있다. 인간은 이들이 알을 낳는 강기슭을 빈번하게 파괴하거나 개발하고 있다."

붉은대머리우아카리(red-headed uakari,
Cacajao calvus rubicundus, VU)

"이 신세계 원숭이 개체는 지구 서반구에서
마지막으로 포획된 수컷들 가운데 하나이다."

강강유황앵무(gang-gang cockatoo, *Callocephalon fimbriatum*, LC)

먼 친척 ▲▼

오늘날 우리는 코가 작고 동그라며 콧수염이 난
털북숭이 동물과, 앞니가 발달해서 생긴 엄니가 있고
몸통이 눈에 띄게 우람한 동물(287쪽)을 볼 수 있다.
그런데 진화 계통수를 따라 수백만 년을 거슬러
올라가 보면 양쪽의 두 동물은 공통 조상과 만난다.
노랑반점바위너구리는 현존하는 동물 중에서
아프리카코끼리와 가장 가까운 근연종(relative)이다.

아메리카흰두루미(whooping crane, *Grus americana*, EN)
"아메리카흰두루미는 서식지를 보호하고 포획 번식을 한 덕분에 멸종 위기에서 구조되었다. 이 동물은 개체수가 20여 마리까지 줄었다가 현재 수백 마리로 늘어났다."

돌산양(Dall's sheep, *Ovis dalli*, LC)

검은머리중앙아메리카다람쥐원숭이
(black-crowned Central American squirrel monkey,
Saimiri oerstedii oerstedii, EN)

> **"** 우리는 우리 중의
> 극소수자들을 어떻게
> 대하는가? 이것은
> 어느 사회에나 적용되는
> 진정한 평가 기준이다."

아이아이(aye-aye, *Daubentonia madagascariensis*, EN)
"마다가스카르의 야행성 여우원숭이인 이 동물을 촬영하는 데는
특별한 어려움이 있었다. 이들의 눈을 손상시키지 않으려고 우리는
카메라 플래시에 적외선 겔을 도포해서 카메라에만
감지되는 빛이 방출되도록 했다. 우리는 적어도
인간이 느끼기에 거의 칠흑 같은 어둠 속에서 촬영을 했다.
초점이 맞는 선명한 사진이 찍힌다는 것이 놀라울 따름이다."

파란얼굴꿀빨기새(blue-faced honeyeater,
Entomyzon cyanotis griseigularis, LC)

푸른도마뱀붙이(turquoise dwarf gecko,
Lygodactylus williamsi, CR)

296쪽 | **눈무늬사투르누스나방**(eyed Saturnian moth, *Automeris* sp.)

297쪽 | **오세올라늑대거미**(wolf spider, *Hogna osceola*, NE)

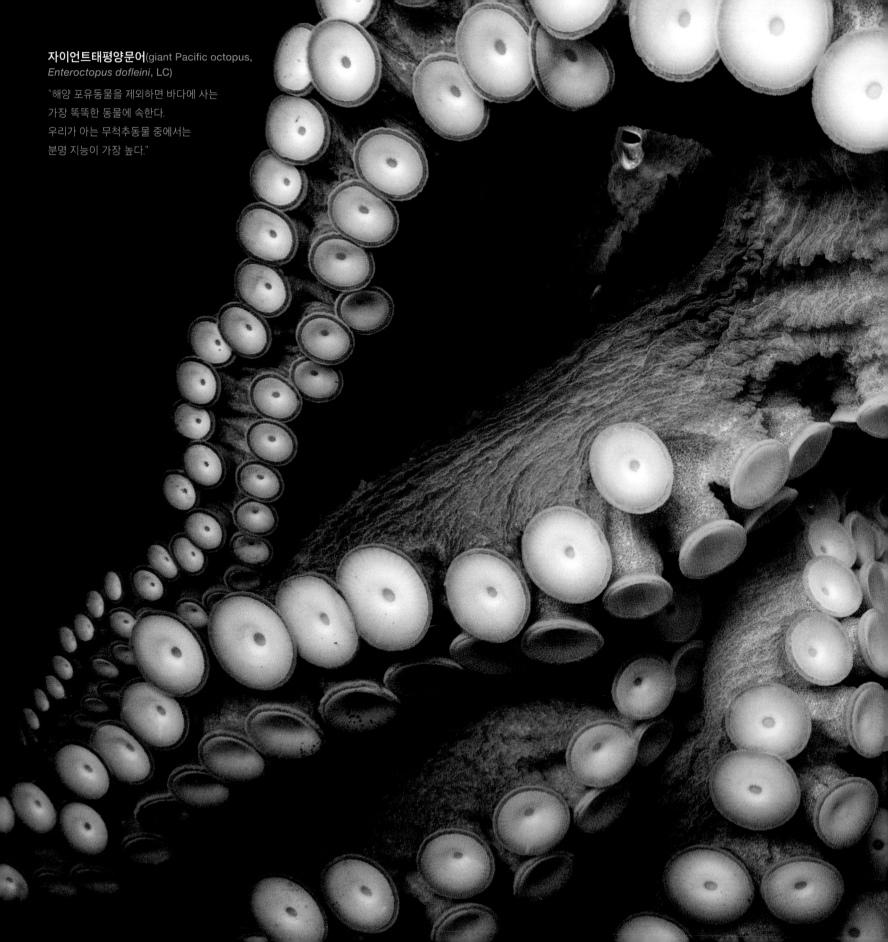

자이언트태평양문어(giant Pacific octopus, *Enteroctopus dofleini*, LC)

"해양 포유동물을 제외하면 바다에 사는
가장 똑똑한 동물에 속한다.
우리가 아는 무척추동물 중에서는
분명 지능이 가장 높다."

촬영 뒷이야기

싱가포르 동물원

적도 부근에 위치한 싱가포르 동물원은 고온 다습하고 폭풍우가 잦다. 동물원에 벼락이 떨어지는 일도 흔한데, 조엘이 거기서 처음 겪은 벼락은 그가 서 있던 자리 옆의 금속 건물에 떨어졌다. "정말 찌릿했어요. 천둥소리가 들리기 직전에 빠지직 하는 소리가 들렸어요."라고 그는 말한다. 번개가 치는 와중에 숙련된 동물원 직원이 12일 동안 수생 무척추동물부터 아시아코끼리까지 무려 150종이나 촬영한 조엘을 도와주었다. '포토 아크' 촬영은 이곳에서 수컷 코주부원숭이(325쪽)를 찍으면서 6,000종을 기록했으며 그 후로도 계속 이어졌다. 싱가포르 동물원과 다른 세 공원, 즉 주롱 조류 공원(Jurong Bird Park)과 야간 사파리(Night Safari), 하천 사파리(River Safari)를 함께 관리하는 싱가포르 야생 동물 보호 구역(Wildlife Reserves Singapore)은 야생 동물을 보호하고 위급(CR) 멸종 위기 종을 번식시켜 동물을 보전하는 역할을 하고 있다. ◆

> **" 동물원의 보전 센터로서의 역할은 점점 커지고 있다. 동물원은 오늘날의 방주이다. 많은 희귀종의 멸종을 막아 줄 최적의 방주이다."**

조엘이 물놀이 연못이 딸린 넓은 야외 우리에서 아시아코끼리에게 먹이를 주고 있다.

조엘의 아들 콜이 조명을 설치한 천장 울타리 위에서 원숭이 촬영이 끝나기를 기다리고 있다. 콜은 조엘의 지시에 따라 조명의 밝기를 조절하며 촬영 내내 이곳에 있었다.

꼬마인도사향고양이(Malay civet, *Viverra tangalunga*, LC)가 하얀 PVC 판 위에 편안하게 앉아 있다.

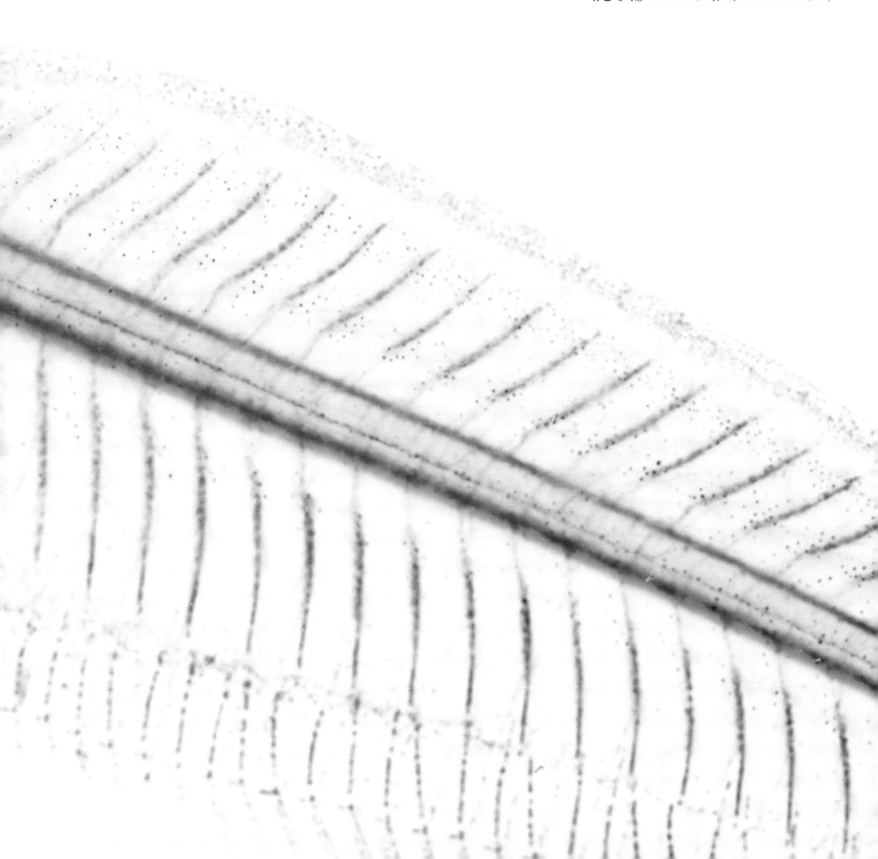

유령메기(glass catfish, *Kryptopterus vitreolus*, NE)

가시복(long-spine porcupinefish, *Diodon holocanthus*, LC)

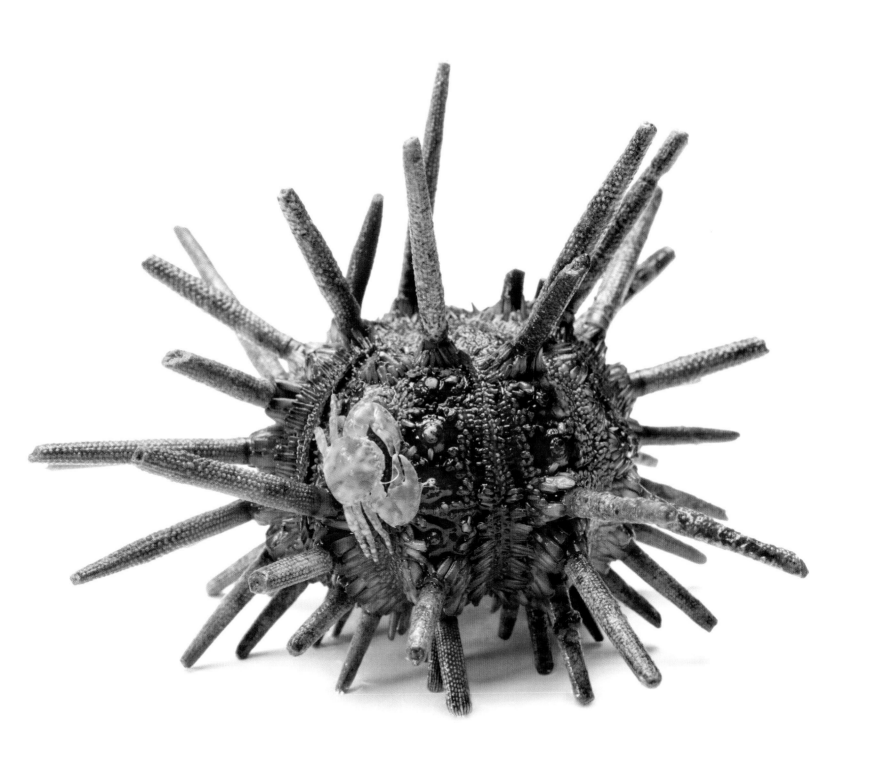

검은집게발게(black-fingered mud crab, *Panopeus herbstii*, NE)
연필꽂이성게(slate pencil urchin, *Eucidaris tribuloides*, NE)

아시아사자(Asiatic lion,
Panthera leo persica, EN)

하얗게 태어나다 ▲ ▼

308쪽 | 알비노 동물.
위(왼쪽에서 오른쪽으로) | **넬슨밀크스네이크**(Nelson's milk snake, *Lampropeltis polyzona*, NE), **큰캥거루**(eastern gray kangaroo, *Macropus giganteus*, LC)

아래 | **녹색황소개구리**(green frog, *Lithobates clamitans*, LC),
외눈안경코브라(monocled cobra, *Naja kaouthia*, LC)

309쪽 | 색소 결핍이기는 하지만 알비노는 아닌 백변종(白變種, leucism)
붉은꼬리말똥가리(red-tailed hawk, *Buteo jamaicensis*, LC)

"수백만 년 동안의 진화가
우리 눈앞에 있다.
이제 우리가 해야 할 일은
관심을 기울이는 것뿐이다."

황금들창코원숭이(golden snub-nosed monkey,
Rhinopithecus roxellana, EN)

아기 베로수리부엉이(Verreaux's eagle-owl, *Bubo lacteus*, LC)

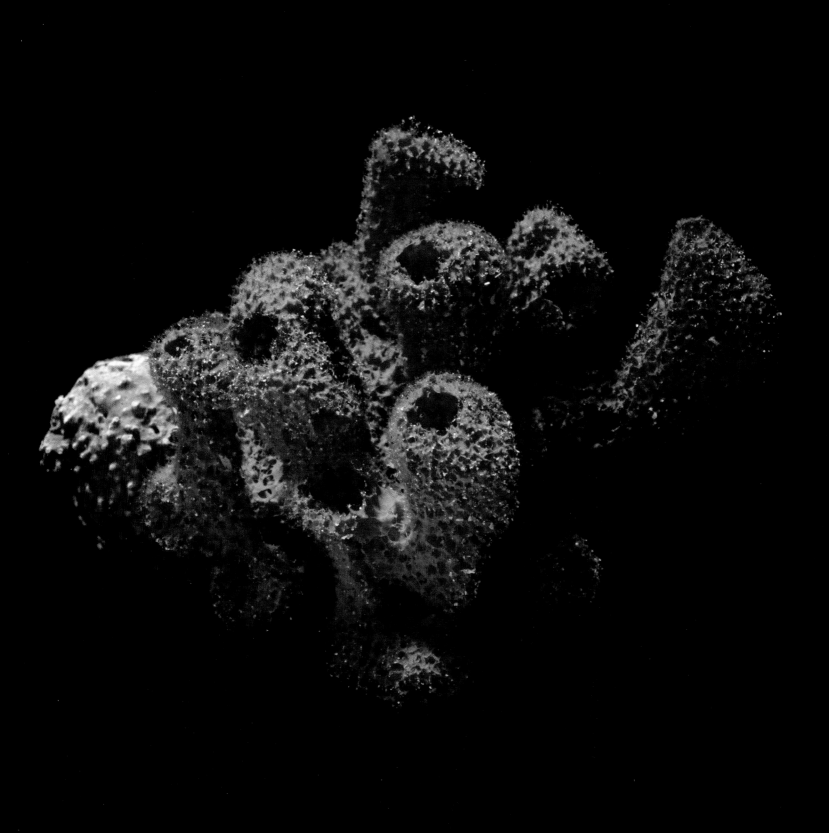

분홍해면(pink sponge, *Darwinella muelleri*, NE)

공동 경비 ▲▼

유대 관계는 아프리카 초원 위에서도 생겨난다. 타조(314쪽)는
똑바로 서서 먼 곳의 위협도 찾아낼 수 있기 때문에 얼룩말은
풀을 뜯을 시간을 벌 수 있다. 얼룩말은 위장한 채 다가오는 포식자나
타조가 놓칠 수 있는 위협을 귀로 감지할 수 있다. 타조의 예리한 시각과
얼룩말의 민감한 청각이 함께 작용해 두 종의 생존에 도움을 준다.

어린 구름표범(clouded leopard, *Neofelis nebulosa*, VU)

"내가 촬영한 동물들은
호전적이거나 고분고분하고,
조심성이 많거나 과시적이고,
우둔하거나 장난기가 넘친다.
다른 말로 하면,
그들은 꼭 우리와 같다."

큰뱀목거북(snake-necked turtle, *Chelodina expansa*, NE)

회색긴팔원숭이(Müller's gray gibbon, *Hylobates muelleri*, EN)

"멀리 뻗어 닿는 능력은 생존에 도움이 될 수 있다.
긴팔원숭이는 긴 팔을 이용해 이동하거나 먹이를 먹는다.
큰뱀목거북(318쪽)은 긴 목을 창처럼 물고기를 향해 내민다."

> # "이 동물은
> # 10여 년 전 '포토 아크'에
> # 승선한 최초의 종이다."

벌거숭이두더지쥐(naked mole-rat, *Heterocephalus glaber*, LC)

"「방주를 만들며」에서 설명한 것처럼 '포토 아크'는 링컨 어린이 동물원에서
찍은 이 생물의 사진으로 시작되었다. 이 개체는 독특하지만 역시 벌거숭이두더지쥐 종에
속한다. 따라서 그에 상응하는 존재 가치가 있다."

빅토리아왕관비둘기(Victoria crowned pigeon, *Goura victoria*, NT)

얼룩석호해파리(spotted jellyfish, *Mastigias papua*, NE)

아프리카저어새(African spoonbill,
Platalea alba, LC)

코주부원숭이(proboscis monkey, *Nasalis larvatus*, EN)
"이 사진은 '포토 아크'의 이정표이다.
이 원숭이는 '포토 아크'에 기록된
6,000번째 종이다."

주황점박이쥐치(orange spotted filefish,
Oxymonacanthus longirostris, VU)

은색긴팔원숭이(silvery gibbon, *Hylobates moloch*, EN)

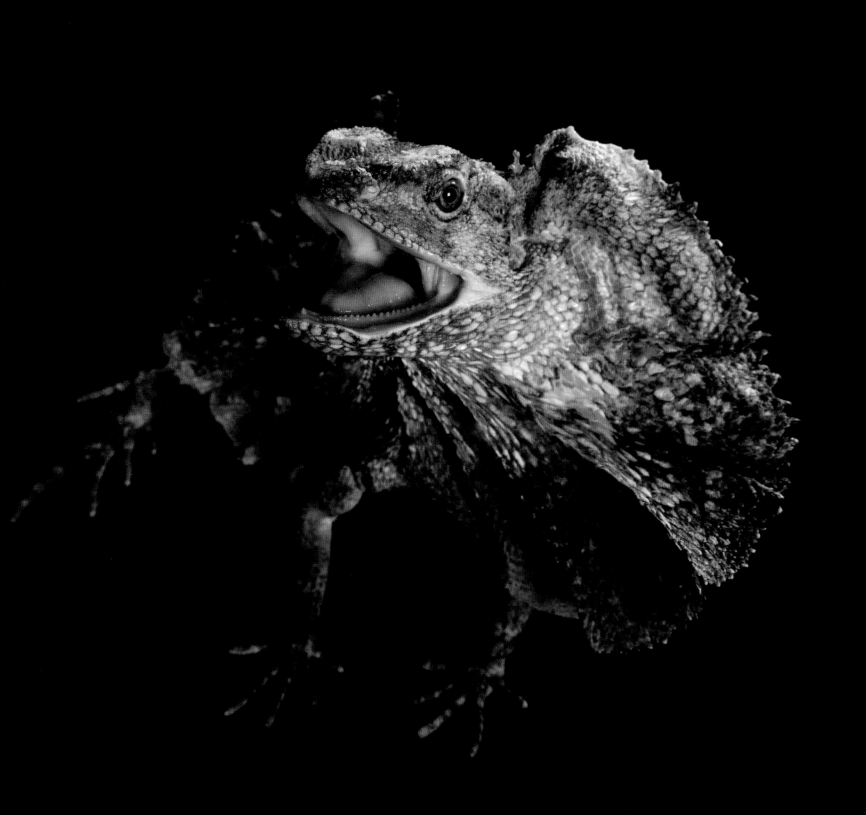

목도리도마뱀(frilled lizard, *Chlamydosaurus kingii*, LC)

330쪽 | **올챙이.**

위(왼쪽에서 오른쪽으로) | **훌리청개구리**(Hylomantis hulli, *Agalychnis hulli*, LC),
독화살개구리(dyeing poison frog, *Dendrobates tinctorius*, LC) **왕관청개구리**(Shreve's Sarayacu tree frog, *Dendropsophus sarayacuensis*, LC)

가운데 | **치리카후아개구리**(Chiricahua leopard frog, *Rana chiricahuensis*, VU),
산루카스주머니개구리(San Lucas marsupial frog, *Gastrotheca pseustes*, NT), **디아블리토개구리**(diablito, *Oophaga sylvatica*, NT)

아래 | **모래시계청개구리**(hourglass tree frog, *Dendropsophus ebraccatus*, LC), **노랑다리산개구리**(southern mountain yellow-legged frog, *Rana muscosa*, EN),
페바스두꺼비(Pebas stubfoot toad, *Atelopus spumarius*, VU)

331쪽 | **아직 알 속에 있는 푸른독화살개구리**(blue poison dart frog, *Dendrobates tinctorius "azureus"*, LC) **올챙이**

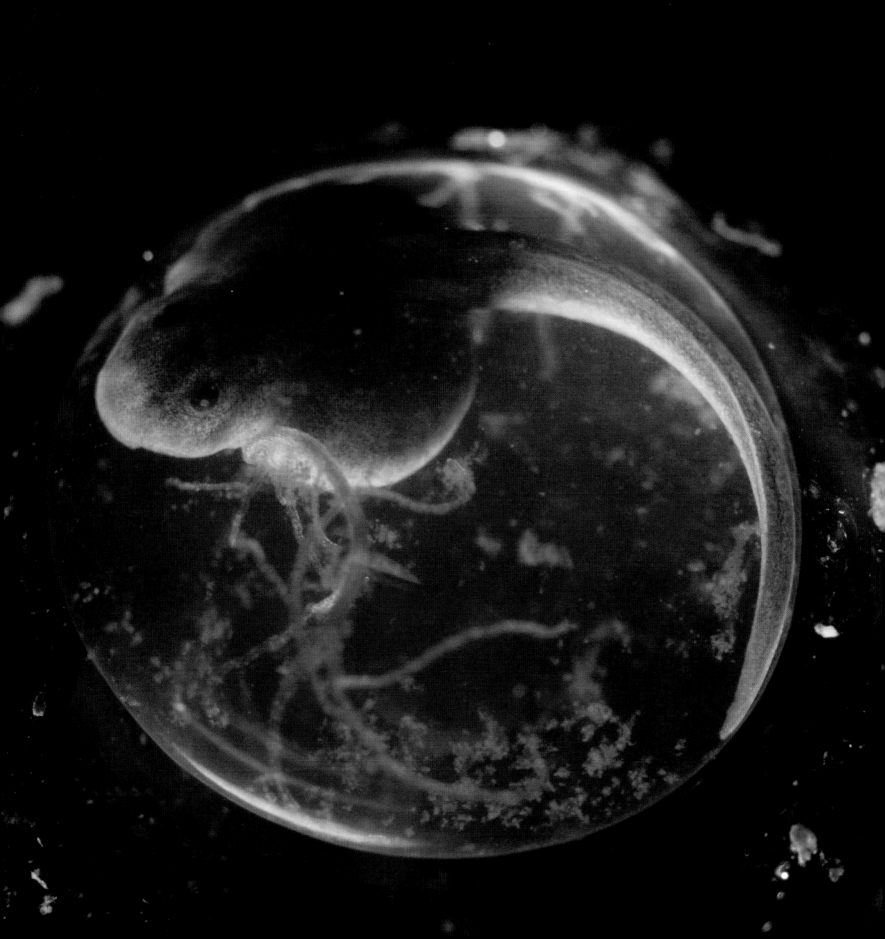

'포토 아크'의 영웅

벳시 핀치(Betsy Finch)

맹금류 재활 센터
미국 네브래스카 주 벨뷰

네브래스카 주에서 상처 입은 맹금류가 발견되면 벳시 핀치에게 호출이 간다. 핀치가 운영하는 단체인 맹금류 재활 센터와 이곳의 숙련된 자원 봉사자 50명으로 구성된 조직은 네브래스카 주에서 유일하게 맹금류 재활 허가를 받았다. 1976년에 이 단체를 설립한 핀치는 이제 이렇게 말한다. "재활 센터는 농경지 한복판에 있는 작은 오아시스예요." 이 단체는 40년간 조류 1만 2600마리를 보살폈다.

"우리에게 온 조류의 95퍼센트는 직접적으로 또는 간접적으로 인간의 활동으로 인해 상처를 입었어요. 우리가 본 상처의 대부분은 충돌로 인한 것이었죠."라고 핀치는 말한다. 검독수리(golden eagle, *Aquila chrysaetos*, LC) 한 마리가 날개가 심하게 부러져서 왔을 때, 그렇지 않아도 몇 달은 걸릴 재활을 더 어렵게 할 문제를 직원들이 이 새의 눈에서 발견했다. 충돌 때문에 뼈가 밖으로 드러났는데, 이 상처는 수차례의 수술과 여러 달 동안의 주의 깊은 관리가 필요했다. 핀치는 "우리는 새들을 그렇게 쉽게 포기하지 않아요."라고 말한다. 그 검독수리는 한쪽 날개가 다른 쪽 날개보다 짧아져서 나는 법을 다시 익혀야 했다. 치료가 시작된 지 약 1년 만에 검독수리는 재활에 성공해서 야생으로 돌아갔다.

2013년 네브래스카 주 오마하 시 인근에 자연 보전 센터, 보호 구역을 거느리고 있는 폰테넬 숲(Fontenelle Forest)과 제휴를 맺은 덕분에 맹금류 재활 센터는 든든한 재정적 기반을 확보했다. 그래서 이제는 도움이 필요한 새나, 대중과 자주 접촉하는 새를 모두 돌볼 수 있다. 폰테넬 숲 맹금류 재활 센터의 활동에는 연간 수천 명이 참여한다. "새를 가까이에서 쳐다보는 사람들의 얼굴을 보면 재미있습니다."라고 핀치는 이야기한다. 핀치는 재활 센터에서 돌보는 야생 맹금류에 대해 사람들이 알게 되면 대개는 서식지 보호에 더 많은 열의를 보이게 될 것이라고 생각한다. "그것이 가장 중요합니다." ◆

> **"모든 사람은 야생 동물을 도울 수 있는 일을 사소하더라도 한 가지는 할 수 있다."**
> — 벳시 핀치

벳시 핀치가 초고도 근시를 앓는 매(peregrine falcon, *Falco peregrinus*, LC)를
살펴보고 있다. 이 매는 오마하 시내 고층 건물 위에 있는 둥지에서 날아오르다가
시력이 나빠 문제가 발생했다.

마르모레오하늘소(longhorn beetle, *Moechotypa marmorea*, NE)

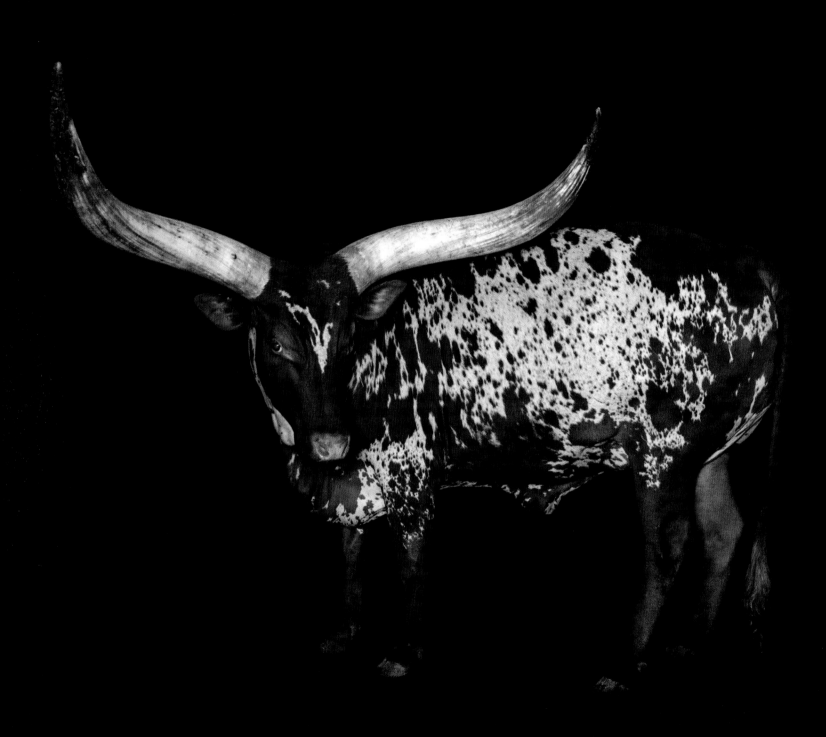

큰뿔소(Ankole/Watusi cow, *Bos taurus* "watusi", NE)
"이 소는 뿔이 너무 커서, 머리를 조심스럽게
옆으로 돌려 외양간 출입문을 드나드는 요령을 터득했다."

66 이 영장류의 손은
우리의 손과 너무나 비슷해서
나는 늘 감탄한다."

얼룩꼬리감기원숭이(varied capuchin, *Cebus versicolor*, EN)

5장 ▲▲

희망

"여섯 번째 대멸종." 전 지구적으로 광범위하게 생물 종이 사라지는, 공룡을 절멸시킨 것으로 여겨지는 소행성 충돌이나 빙하기에 버금가는 사건이다. 이 사건에서 인류는 원인인 동시에, 부디 바라건대, 해법이기도 하다.

우리는 목재를 얻으려고 숲을 베어 쓰러뜨리고, 농사를 지으려고 대지 위의 모든 것을 없애 버리고, 풍부한 광물을 캐내려고 땅을 파헤친다. 그래서 자연의 공동체를 파괴하고 있다. 우리는 배기 가스를 뿜어내서 대기의 화학적 조성에 영향을 미친다. 그래서 지구 온난화를 야기해 곳곳의 기후와 서식지를 변화시키고 동물의 이주 경로를 차단하고 식량을 고갈시키고 있다. 우리는 아름다운 것과 강한 것을 탐낸다. 그래서 우리의 즐거움을 위해 장려(壯麗)한 동물들을 덫으로 잡거나 죽이고 있다.

이제 우리는 뒤로 물러나서 우리가 하고 있는 일들을 살펴보고 우리의 방식을 변화시킬 방안을 찾고 있다. 모든 동물 중에서 인간은 지구에 가장 큰 영향을 미친다. 우리가 하는 짓을 깨닫는다면, 우리에게는 아직 스스로의 과오를 반추하고 지구를 치유하고 풍부한 종 다양성을 지켜 낼 기회가 남아 있다. 이것이 바로 '포토 아크'가 전하고자 하는 바이다.

마지막 장에서 우리는 한때 멸종 직전에 이르렀다가 인간의 돌봄을 받아 회복되고 있는 종들에 주목한다. 이 종들의 이야기 가운데 어떤 것도 앞으로 해피엔딩이 계속될지 장담할 수 없다. 하지만 이들 모두의 이야기 에는 인간이 관심을 기울이고 자연으로부터 배우고 종 보전을 위해 열심히 노력하고 지구의 생물 다양성을 보 존하기 위해 할 수 있는 모든 것을 다할 때 일어날 수 있는 일들이 담겨 있다.

절멸 위협 및 멸종 위기 종으로 이루어진 이 복잡다단한 생물 왕국에서 '성과'를 단정하기란 어려운 일이다. IUCN이 준위협(NT)부터 야생 절멸(EW)과 완전한 절멸(EX)까지 위협의 범주를 정한 것처럼, 인간의 중재로 지 켜지는 종에 관한 모든 논의 또한 모종의 정의를 포함해야 한다.

이를테면 미국 흰머리수리(75쪽)를 구하려는 우리의 노력은 상당한 성과를 거두어 야생에서 흰머리수리의 개체 번식이 점점 더 많이 이루어지고 있다. 이제는 종의 자생 능력이 생겨난 것으로 보인다. 미국 캘리포니아

341쪽 | 붉은늑대(red wolf, *Canis rufus gregoryi*, CR)
미국 어류 및 야생 동물 보호국(U. S. Fish and Wildlife Service)은 1987년 노스캐롤라이나 주 동부의 작은 구역에
포획 번식된 붉은늑대를 방생했다. 붉은늑대와 코요테 간에 이종 교배로 잡종이 생기는 것은 야생에서
붉은늑대에게 가장 우려되는 멸종 위험이다. 그런데 이런 일이 계속 일어나고 있다.

342쪽 | 흰찌르레기(Bali mynah, *Leucopsar rothschildi*, CR)
애완 동물로 거래되었기 때문에 심하게 남획되어 온 흰찌르레기는 집중적인 포획 번식 프로그램을 실시해
야생으로 돌려보내지 않았다면 멸종했을 것이다.

주와 애리조나 주, 그리고 멕시코에 방생된 캘리포니아콘도르(352쪽)의 복원 성과는 그리 안정적이지는 않지만 개체군의 자체 번식이 가능해 보인다. 요즘은 멸종에 직면해서 인간의 관심을 받은 종의 개체군이 안정을 찾거나 심지어 번성하는 경우가 점점 늘어나고 있다. 이는 동물원, 야생 동물 구조 센터나 수족관, 또는 개인 번식가 들이 이들을 돌보고 있기 때문이다. 이 책에서는 몇몇 주목할 만한 돌보미들을 자세히 소개하고 있으며, 이 책에서는 소개하지는 못했지만 영웅이라 할 만한 인물들이 세계 곳곳에서 마찬가지로 중요한 일을 하고 있다.

하지만 인간의 돌봄에는 한계가 있다. 야생에서 개체수와 개체군을 복원한 경우도 마찬가지이다. 오랑우탄, 고릴라, 호랑이, 표범처럼 인간이 선호하는 몇몇 동물은 인간의 돌봄 속에서는 번성하지만 야생에서는 여전히 절망적인 상황에 처해 있다. 일부 종은 좁은 야생 서식지에 방생되지만 그마저도 인간의 개발 때문에 더 줄어들고 있다. 전 지구적인 자연 생태계 보전 노력이 절실한 것은 바로, 동물원에서 보호를 받으며 번식하는 동물들이 야생의 보금자리로 돌아갈 수 있어야 하기 때문이다.

다른 일부 동물, 특히 동물원이나 수족관에서 덜 선호하는 종들은 야생 동물 보호 구역이나 국립 공원 같은 한정된 영역에서만 살아야 하므로 야생에서 극단적 소수자일 수밖에 없다. 숲에서 사막과 정글, 바다와 산호초까지, 비록 좁은 서식지일지라도 보호한다면 우리는 그곳에 사는 종들의 자연 환경을 유지하기 위한 온갖 일을 할 수 있다. 물론 동물은 서식지 경계 따위는 모른다. 그들은 우리가 법으로 정하는 경계에 상관없이 오랜 세월에 걸쳐 만들어진 이주 경로를 따라 이동한다. 우리는 보호 구역 지정(그 또한 나름의 가치가 있지만)을 넘어서 지구 전체의 건강을 향상시키기 위해 우리가 할 수 있는 모든 것을 할 필요가 있다.

이 장에서 우리는 고무적인 이야기들을 만난다. 여기에서 소개하는 동물들은 여전히 존재하거나 복원되고 있다. 일부는 야생에서 자생 능력을 갖추어 가고 있다. 인간의 돌봄이 계속 필요한 동물도 있다.

브라질의 대서양 연안 열대 우림이 원산지인 황금사자타마린(348~349쪽)은 주로 수백 년에 걸친 삼림 파괴 때문에, 그리고 애완 동물 매매용 포획 때문에 한때 멸종될 뻔했다. 1990년대에 연구자들은 야생에 200마리 정도의 소수가 살아 있을 것으로 추정했다. 그 후로 포획되어 길러진 황금사자타마린이 번식해 어린 개체들이

4개 지역에 방생되었다. 현재 야생에 있는 황금사자타마린의 개체수는 1,000마리가 넘을 것으로 추정된다. 재조림(再造林, reforestation) 활동으로 개체수가 증가한 덕분에 이제는 야생에서 안정적인 수준에 이른 것으로 여겨진다.

태평양의 섬 괌에만 서식하고, 날지 못하지만 빨리 달릴 수 있는 새인 괌뜸부기(379쪽)는 20세기에 숫자가 급감했다. 1981년 이 섬에 약 2,000마리가 살았는데, 1980년대 말에는 야생에서 종적을 감추었다. 아마 야생 고양이의 먹이가 된 데다 섬에 뱀이 들어왔기 때문일 것이다. 괌의 번식가와 미국 본토의 동물원 사육사 들이 괌뜸부기를 살리고 번식시키는 일을 계속했다. 고양이와 뱀을 없앤 서식지에 다시 방생했지만 아직 성공하지 못했다. 그래도 이런 노력이 계속될 것이다.

프랑스 어로 "흰 영양"이라는 뜻의 이름을 가진 애닥스영양(356쪽)은 한때 사하라 주변 사바나 지역인 사헬 지역과 사하라 사막 전역을 떼 지어 돌아다니던 사막 유제류이다. 이 종은 캐스케이드 효과(cascade effect, 원인이 연쇄적으로 누적되다가 어느 순간 급격히 큰 결과를 야기하는 현상. ─ 옮긴이) 때문에 멸종 위기로 내몰렸다. 광범위한 가뭄으로 인해 풀을 뜯어먹을 수 있는 영역이 급감했고, 인구가 증가하면서 사람들이 고기를 구하려고 이 종을 사냥했다. 동물원, 목장, 개인 번식가 들이 현재 적어도 1,600마리를 돌보고 있다. 모로코, 튀니지, 알제리에서 이 종은 보호종으로 지정되었다. 알제리와 이집트는 영양류 사냥을 전면 금지했다. 서식지에 방생하기 위한 작업이 진행되고 있으며, 이 우아한 종을 구하기에 아직 그리 늦지 않은 듯하다.

희망적인 이야기를 들려줄 수는 있지만, 상당수가 아직 불확실하다. 우리 아이들의 아이들과 그 후세가 살아갈 다음 세기에 희망의 이야기를 훨씬 더 많이 할 수 있도록 우리가 할 수 있는 모든 일을 하자.《내셔널 지오그래픽》의 '포토 아크' 프로젝트가 지향하는 궁극적인 목표는 바로 이것이다. 사람들이 멈춰서 내다보고 미래를 생각하게 만드는 것. 그리고 걱정과 관심을 행동으로 옮기게 만드는 것. 방주는 함께 만드는 것이다. 우리가 방주에 태운 동물들을 지금부터 만나 보자. ◆

세인트빈센트아마존앵무(Saint Vincent parrot,
Amazona guildingii, VU)

카리브 해의 세인트빈센트 섬에만 서식하는
이 앵무는 멸종에 맞서 고군분투해 왔다.
그런데 보전 활동과 대중 교육 캠페인 덕분에
감소세가 멈춘 듯하다.

커틀랜드솔새(Kirtland's warbler, *Setophaga kirtlandii*, NT)
북아메리카에서 가장 희귀한
명금(鳴禽, songbird)인 커틀랜드솔새는
높이 3미터 내외의 어린 방크스소나무
(jack pine, *Pinus banksiana*, LC)에서만 둥지를 튼다.
산불이 너무 잘 통제되는 바람에 이 새의
서식지는 극도로 제한되었는데,
1980년에 한 불길이 통제를 벗어나면서
새로운 방크스소나무의 발아를 활성화했다.
과학자들이 나서서 식재 활동도 벌여
이 명금의 보금자리가 회복되었다.

황금사자타마린(golden lion tamarin,
Leontopithecus rosalia, EN)

보호림 서식지에 황금사자타마린 개체군을 방생함으로써 이
브라질산 동물의 장기 생존에 희망이 생겼다. 전체 야생
황금사자타마린 가운데 3분의 1은 포획 번식으로 태어났다.

검은발족제비(black-footed ferret, *Mustela nigripes*, EN)

1979년까지 과학자들은 검은발족제비가 멸종했다고 생각했다. 이 작은 포유동물은
주식인 프레리도그의 개체수가 북아메리카에서 억제되면서 희생되었다. 프레리도그의
집단 폐사를 야기한 벼룩 매개 유행병도 한몫했다. 포획 번식과 복원 활동 덕분에
야생의 개체수가 수백 마리까지 늘어났다.

북부해달(northern sea otter, *Enhydra lutris kenyoni*, EN)
알래스카에 사는 작은 개체군이 상업적인 모피 거래라는 재앙을
피해 살아남았다. 현재 미국 어류 및 야생 동물 보호국이
이 아종을 관리하고 있다. 범고래(killer whale, *Orcinus orca*, DD)의
포식과 인간의 위협(원유 유출, 사냥, 부수 어획)이
여전히 이들을 위태롭게 하고 있다.

캘리포니아콘도르(California condor,
Gymnogyps californianus, CR)
집중적인 번식 프로그램으로 캘리포니아콘도르를 미국 캘리포니아 주,
애리조나 주, 그리고 멕시코의 서식지에 방생한 이후로 미국의 일부
남서부 지역 하늘에서 이 새가 자유롭게 날아다니는 것을 볼 수 있다.
1981년에 개체수가 20여 마리까지 감소했으나 이제 자생적인
개체군이 형성되고 있다.

쇠산계(Edwards's pheasant,
Lophura edwardsi, CR)

선홍색 얼굴빛에 매력적인 짙은 남색 깃털을
지닌 수컷 쇠산계는 위엄 있는 외모를 띠고
있다. 이 종은 2000년에 베트남 중부의 야생
서식지에서 마지막으로 목격되었지만,
돈 버틀러와 앤 버틀러 같은 개인 번식가들의
노력 덕분에 복원되고 있다.

아메리카송장벌레(American burying beetle, *Nicrophorus americanus*, CR)

미국 애팔래치아 산맥의 아메리카송장벌레 개체군은 1920년대 초에 급격히 줄어들었다. 세인트루이스 동물원(Saint Louis Zoo)의 포획 번식 프로그램 덕분에 개체수가 수천 마리로 늘어나 야생 서식지에 방생되었다.

355

어린 애닥스영양(addax, *Addax nasomaculatus*, CR)
애닥스영양은 아프리카 니제르의 원산지에서 사냥과 서식지
파괴 때문에 멸종된 것으로 여겨졌다. 그러다가 주변국
모리타니에서 서식 흔적이 발견되어 이 종이 존속하고
있으리라는 기대감이 일었다. 그사이 튀니지에서 서식지
방생이 실시되고 세계 곳곳의 동물원과 개인 번식가들이
개체군을 관리해 이 종의 생존에 희망을 품게 되었다.

미시시피악어(American alligator, *Alligator mississippiensis*, LC)
미시시피악어는 고기와 가죽을 목적으로 사냥되어 1970년대에 멸종 위기에 직면했다. 교육 프로그램과 엄격한 규제 덕분에 이 종은 문자 그대로, 피부를 보호할 수 있게 되었다. 현재 이 파충류 종은 개체수가 회복되어 더는 멸종 위기에 있지 않다.

타카헤(South Island takahē, *Porphyrio hochstetteri*, EN)
뉴질랜드 고유종이며 날지 못하는 이 새는 20세기 중반에
피오르드랜드의 머치슨 산맥에 서식하는 작은 개체군으로
줄어들었다. 포획 번식 프로그램으로 약간의 성과가 있었으며,
이 종은 현재 공격적인 포유동물 포식자가 없는
연안 섬에 방생되어 있다.

주홍가슴오색앵무(Forsten's lorikeet,
Trichoglossus forsteni, VU)

이 화려한 색상의 새는 인도네시아의 5개 섬이
원산지이다. 서식지 파괴, 외래종 쥐와 뱀의
유입 때문에 개체수에 큰 타격을 입었지만,
보전 노력 덕분에 이제 꾸준히 유지되고 있다.

촬영 뒷이야기

링컨 어린이 동물원

한동안 네브래스카 주 링컨에 있는 집 가까이에서 일하기로 마음먹었을 때 조엘은 링컨 어린이 동물원 원장인 친구 존 차포(John Chapo)에게 연락해서 동물들의 사진을 찍어도 될지 물어보았다. 조엘의 집에서 1.6킬로미터 거리에 위치한 그 동물원은 '포토 아크'의 탄생지가 되었다. 동물원 큐레이터 랜디 시어(Randy Scheer)는 조엘의 첫 번째 사진 피사체로 뜬금없이 벌거숭이두더지쥐(320~321쪽)를 제안했다. 그때부터 랜디는 조엘이 그 동물원에서 촬영할 때마다 함께 일했다. 조엘은 "그는 불평 한마디 한 적이 없어요."라고 웃으면서 말한다. "랜디는 동물의 발에 차이거나 이빨에 물리거나 발톱에 긁혀서 상처가 났는데, 사진을 찍은 모든 동물들이 그에게 그렇게 했어요. 그 동물들은 그와 친해요."라고 차포는 말한다. "그가 나타나면 황새들이 구애 춤을 추는 걸 한번 보세요."

" 이 사진들은 사람들에 관한 것이기도 하다. 동물을 돌보는 데 자신의 삶을 할애할 만큼 연민이 가득한 사람들. 그들은 적어도 100년은 갈 살아 있는 방주를 만들고 있다."

큐레이터 랜디 시어는 조엘이 홍학(68~69쪽) 무리를 찍을 때 도와주었다. "그 새들은 끊임없이 옥신각신하고 울어 댔습니다. 그들은 서로 사랑하는 듯 보이지만 서로를 견디지 못해요. 그들은 사회적이고 무리를 짓는 조류이지만 사실은 간간이 이웃을 미워하는 듯한 행동을 합니다."라고 조엘은 말한다.

쌍봉낙타 칼리프(Kalif)가 자세를 잡도록 랜디 시어가 돕고 있다. 랜디는 칼리프에게 물려서 멍이 들었지만, 낙타는 언제나 그가 좋아하는 동물이다.

조엘이 랜디 시어가 지켜보는 가운데 아메리카독도마뱀(Gila monster, *Heloderma suspectum*, NT)의 사진을 찍을 준비를 하고 있다. 랜디는 조엘이 함께 일한 첫 큐레이터이자 거친 성격의 소유자였지만, 조엘은 "랜디는 저를 이 프로젝트에 맞게 제대로 이끌어 주었어요. 그는 제게 이 초상들을 빨리 촬영해서 동물에게 가급적 스트레스를 주지 않는 방법을 가르쳐 주었어요. 제겐 정말 그보다 훌륭한 선생님이 있을 수 없었습니다."라고 말한다.

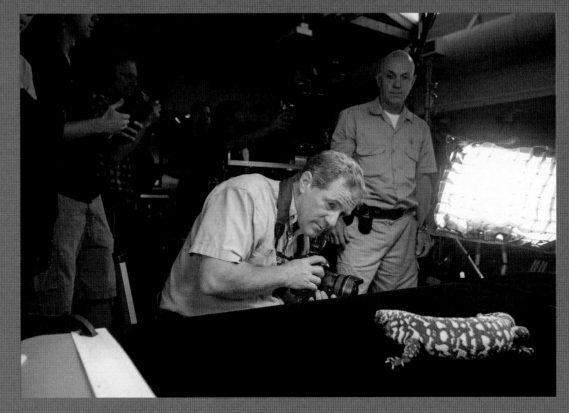

가축 쌍봉낙타(domestic Bactrian camel,
Camelus bactrianus, CR)

야생 쌍봉낙타(wild Bactrian camel, *Camelus ferus*, CR)는 위급(CR)
등급에 속하는 멸종 위기 종으로, 다른 가축과의 경쟁과 사냥 때문에
절박한 상황에 처해 있다. 이 낙타는 야생 친족이 가축화된 종류이며,
링컨 어린이 동물원에 보금자리를 틀어 랜디 시어와 특별한 유대
관계를 형성했다. 칼리프는 2015년 12월 노환으로 죽었다. 동물원장인
존 차포는 "낙타가 아파하면 랜디도 아파하고 낙타가 죽으면 랜디는
그를 너무나 그리워하죠."라고 말한다.

밴쿠버마못(Vancouver Island marmot,
Marmota vancouverensis, CR)

이 마못 종은 캐나다 밴쿠버 섬의 고산 풀밭에 서식하는데,
2003년 야생에서 확인된 수가 30마리밖에 안 됐다.
이 설치류는 포획 번식, 서식지 방생, 여타 보호 활동 덕분에
숫자가 회복되기 시작해서 2015년 야생에 살아 있는
개체가 300마리에 이르는 것으로 추정되었다.

그리즐리불곰(grizzly bear, *Ursus arctos horribilis*, LC)

불곰(brown bear, *Ursus arctos*, LC)의 아종인 그리즐리불곰은 캐나다와 미국 알래스카 주에서 일정한 개체군을 유지하고 있다. 2007년 미국 어류 및 야생 동물 보호국은 옐로스톤 국립 공원의 그리즐리불곰을 멸종 위기 종 목록에서 제외했다. 인간이 이 동물을 대하는 방식보다 이 동물이 인간을 대하는 방식이 훨씬 더 관대해 보인다. 총질을 당하지 않는 지역에서라면 이들은 번성하며 살아간다.

다마가젤(dama gazelle, *Nanger dama ruficollis*, CR)

이 우아한 가젤은 아프리카 사하라 지역과
사헬 지역의 서식 영역 대부분에서 사라졌다.
사냥과 서식지 파괴로 희생되었지만
니제르 축구 국가 대표 팀의 마스코트로
선정되었다. 개체군 형성을 위한
포획 번식 프로그램이 진행되고 있다.

매(peregrine falcon, *Falco peregrinus*, LC)

북아메리카 매는 복원의 성공적인 사례에 해당한다. 20세기에
살충제 DDT가 널리 사용되어 매 알의 난각(卵殼)이 얇아지고 깨지기
쉬워졌다. 그래서 이 새는 1970년에 멸종 위기 종 목록에 올랐다가
1972년에 DDT 사용이 금지되자 개체군이 다시 형성되었다.
1999년 멸종 위기 종 목록에서 제외되었고, 2007년에는
약 40년간 총 2,600퍼센트의 개체수 증가를 보였다.

파랑금강앵무(blue-throated macaw,
Ara glaucogularis, CR)

어떤 새들에게는 오색찬란함이 득이 되지 않는다. 1980년대까지
이 볼리비아 앵무 종은 야생에서 포획되어 애완 동물로
거래되면서 급격히 감소했다. 하지만 보전 활동이 좋은
성과를 거두고 애완 동물용 거래가 거의 근절되면서
이 종에게 희망이 찾아왔다.

하와이기러기(nene, *Branta sandvicensis*, VU)
하와이 섬에만 서식하는 이 기러기는 인간과
도입종(introduced species)의 포식 때문에 개체수가
급격히 감소했다. 서식지 방생 사업으로 2,400여 마리가
야생 서식지에 방생되어 개체군이 꾸준히 성장하고 있다.

" 이 일을 여기서
멈추어서는 안 된다.
우리가 노력하면
생물 종을 구할 수 있다.
우리 각자가
실질적이고
지속적인 영향을
미칠 수 있다."

몽골야생말(Przewalski's horse, *Equus ferus przewalskii*, EN)

몽골야생말은 흡사 가축 말(*Equus ferus caballus*)처럼 보이지만 미묘한
차이들로 확연히 구분된다. 몽골야생말은 야생 말 가운데 살아남은
마지막 아종이다. 아시아 대초원에서 멸종된 것으로 여겨졌지만,
번식 프로그램과 서식지 방생 덕분에 살아남았다. 야생에 가까운
거대한 무리가 프랑스 남부, 즉 인간이 번식시킨 개체들을 야생 서식지에
방생할 때 흔히 쓰이는 인적 없는 보호 구역에 살고 있다.

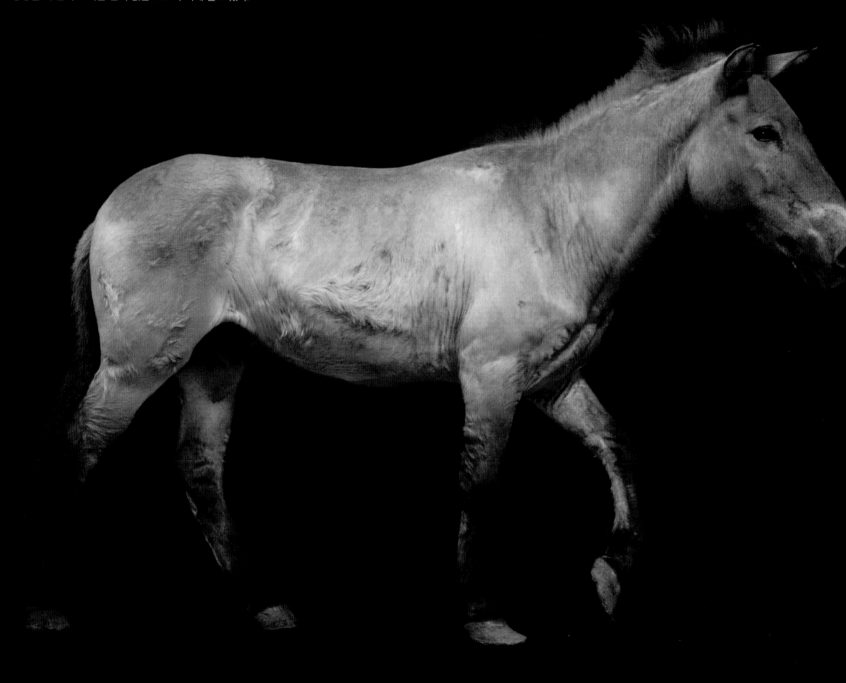

노란지느러미메기(yellowfin madtom, *Noturus flavipinnis*, VU)
한때 과학자들의 공식적인 발표에 따라 이 종은 멸종된 것으로
여겨졌다. 그런데 컨서베이션 피셔리스의 노력 덕분에 이 종은
원산지로 알려진 테네시 강 상류 수계에서 자생력을 회복했다.

갈색사다새(brown pelican, *Pelecanus occidentalis*, LC)

이 강한 바닷새는 농약 중독으로 인해 거의 멸종될 뻔했다. 1970년 미국에서 멸종 위기 종으로 지정되었다가 2009년에 목록에서 제외되었다. 현재 50만여 마리의 갈색사다새가 해안 지역을 아름답게 장식하고 있다.

플로리다퓨마(Florida panther, *Puma concolor coryi*, LC)

1995년 야생에 살아남은 플로리다퓨마는 약 30마리밖에
안 됐다. 개체군의 유전적 다양성(genetic diversity)을
늘리기 위해 과학자들은 텍사스 주부터 플로리다 주 남부까지
암컷 퓨마 아홉 마리를 방생했다. 그래서 개체군이
더 건강해지고 더 다양해지고 있다.

피리물떼새(piping plover, *Charadrius melodus*, NT)
이 물새는 모래나 자갈이 넓게 펼쳐진 지역에 둥지를 튼다.
그런데 안타깝게도 둥지 트는 지점이 번잡한 해변,
도로변, 심지어 가동 중인 골재 채취장인 경우가 많다.
그래도 1990년대부터 실시된 보전 프로그램 덕분에
이 새의 감소세가 멈추었다.

괌뜸부기(Guam rail, *Hypotaenidia owstoni*, EW)
이 작고 날지 못하는 물새의 이름은 이 새가 고유하게
서식하는 태평양 섬에서 유래했다. 이 새는 야생에서
멸종했지만 동물원과 개인 번식 전문가들이
구해 냈다. 최근에는 보전 활동가들이 괌 인근의
두 섬에 작은 개체군을 방생했다.

금테유리금강앵무(Spix's macaw, *Cyanopsitta spixii*, CR)
연청색 머리에 진청색 날개와 몸통을 지닌 금테유리
금강앵무는 애완 동물 거래를 목적으로 포획되는 바람에
멸종 위기를 맞았다. 2000년 이래로 야생에서 자취를 감추었다.
그런데 번식 프로그램이나 개인이 관리하는 개체는
100마리 정도나 있다.

아무르표범(Amur leopard, *Panthera pardus orientalis*, CR)

보전 활동 덕분에 아무르표범 보호에 적잖은 성과가 나타나고 있다.
아무르표범은 러시아 극동 지역에 서식하는 위급(CR) 수준의 멸종 위기
아종이며, 세계에서 가장 희귀한 대형 고양잇과 동물이다.
"이들은 자신이 속한 생태계의 우두머리이기 때문에 그다지 두려움이
없다. 그래서 나와 내 카메라 앞으로 바짝 다가와서는 탐색했다.
물론 나와 내 카메라는 촬영장 바깥에 안전하게 있었다."

수마트라호랑이(Sumatran tiger,
Panthera tigris sumatrae, CR)

호랑이 신체 부위가 불법으로 거래되고, 서식지가 쪼그라들고,
인간과 충돌을 빚으면서 이 호랑이 아종은 심각한 타격을 입었다.
그래서 세계적으로 숫자가 적은 아종 가운데 하나이며,
현재 인도네시아 수마트라 섬의 야생 서식지에 약 250마리밖에
남아 있지 않다. 동물원이 없으면 모든 호랑이는 앞으로
50년 이내에 원산지에서 멸종하고 말 것이다.

카카포(kakapo, *Strigops habroptila*, CR)
시로코(Sirocco)라는 이름이 붙은 이 카카포는
미디어에 소개되어 인간들에게 강한 인상을 심어
주었다. 그래서 포식자 없는 뉴질랜드 섬의
야생 서식지에 살면서 이따금 여러 동물원이나
자연 보전 센터를 순회하기도 한다.
"그는 교육적 가치 면에서 대단한 홍보 대사이다."

수마트라오랑우탄(Sumatran orangutan, *Pongo abelii*, CR)

수마트라의 숲이 벌목되고 개발되면서
열대 우림이 농장으로 변해 위급(CR) 수준의
멸종 위기 종인 이 오랑우탄을 위협하고 있다.
"이 오랑우탄은 너무나 말을 잘 들었다.
나는 촬영장 안에 같이 있었고,
이 오랑우탄은 널따란 흰 종이 위에서
자세를 취했다. 촬영 내내 나는
이 오랑우탄이 저 시선 너머로
무슨 생각을 하고 있는지
궁금했다."

멕시코늑대(Mexican wolf, *Canis lupus baileyi*, LC)

이 늑대 아종은 최근 멕시코에 소수의 야생 개체군만 남아 멸종 위기를 맞았다. 지금은 번식 프로그램과 서식지 방생 덕분에 미국에서도 숫자가 늘어나고 있다.

사진 촬영에 대하여

과연 이 사진들은 어떻게 촬영된 것일까? 우선 동물을 검은색 또는 흰색 배경 앞에 두고 알맞은 조명을 비춘다. 작은 동물은 촬영하기가 아주 쉬운 편이다. 사방 벽과 바닥이 흑백인 공간 안에 동물을 들여놓는데, 대개 동물이 부드러운 천으로 된 촬영 텐트 안으로 직접 들어간다. 일단 촬영장 안에 들어가면 그들에게는 내 카메라 렌즈의 앞부분밖에 보이지 않는다. 얼룩말, 코뿔소, 그리고 코끼리처럼 잘 놀라고 덩치가 큰 동물은 주위에 배경을 설치하고 자연광만 이용하기도 한다. 동물의 발 밑에는 그들을 놀래거나 미끄러뜨릴 만한 것을 절대 두지 않는다. 이런 경우에는 동물의 발을 촬영하지 않거나, 나중에 컴퓨터 프로그램으로 바닥을 검게 처리한다.

'포토 아크'에 참여하는 동물 대부분은 평생 인간과 가깝게 지내 와서, 우리가 촬영하는 동안에도 차분함을 유지한다. 그래도 우리는 가급적 빨리 사진을 찍으려고 한다. 그래서 동물이 배경에 떨어뜨리는 지저분한 것을 치우려고 촬영을 멈추지 않는다. 그런 것은 나중에 컴퓨터 프로그램을 이용해 최종 프레임 본(本)에서 보정한다.

보정의 목적은 동물 초상이 흑백 배경 외에 아무것도 없이 또렷하고 초점이 잘 맞게 하는 것이다. 산만한 요소를 모두 제거하고, 보는 이의 이목을 끌게 하는 것이다. ◆

천으로 된 촬영 텐트 안쪽에 흑백 안감을 대면 작은 동물의 초상을 빠르고 안전하게 찍을 수 있다.

보정 전: 최우선 목표는 동물이 겪는 스트레스를 줄이면서 신속하게 촬영하는 것이다. 그러자면 촬영 후에 컴퓨터 프로그램으로 배경을 깨끗하게 만들 수밖에 없다.

보정 후: 지저분한 이물질, 똥, 배경 이음매를 컴퓨터 프로그램으로 제거한 최종 결과물이다.

보정 전: 신경이 예민하거나 덩치가 큰 동물은 촬영일에 앞서 그들의 시야를 가리는 검은 벽을 설치한다.

보정 후: 잘 놀라는 동물을 촬영하면서 굳이 바닥에 무엇인가를 깔 필요가 없다. 컴퓨터 프로그램으로 바닥을 검게 만들면 될 일이다.

'포토 아크' 프로젝트에 대하여

많은 지구 생물에게 시간이 얼마 남지 않았다. 생물 종들이 급속히 사라져 가고 있다. 그래서《내셔널 지오그래픽》과 저명한 사진가 조엘 사토리가 그들을 구하기 위한 해법을 열심히 모색하고 있다.《내셔널 지오그래픽》의 '포토 아크' 프로젝트는 인간에게 포획된 모든 동물 종을 사진으로 기록하려는 야심찬 계획이며, 사람들이 그 동물들에게 관심을 기울이고 미래 세대를 위해 그들을 보호하도록 독려하고 있다. 프로젝트가 완료되면 '포토 아크'는 그 동물들의 존재에 대한 중요한 기록이자 그들을 구하는 일의 중요성을 뒷받침하는 확실한 근거가 될 것이다. 이 프로젝트에 후원하는 방법은 natgeophotoark.org에서 확인할 수 있다. ◆

베일드카멜레온
(veiled chameleon, *Chamaeleo calyptratus*, LC)

지은이에 대하여

조엘 사토리 Joel Sartore

사진가이자 작가, 교육자, 보전 활동가, 내셔널 지오그래픽 협회 회원, 그리고《내셔널 지오그래픽》의 고정 기고가이다. 그의 대표적인 특징은 유머 감각과 미국 중서부의 프로테스탄트적 노동 윤리이다. 세계 곳곳의 멸종 위기 종과 풍경을 사진으로 기록하는 데 전문가이며, 생물 종과 그 서식지를 보호하기 위한 25개년 다큐멘터리 프로젝트인 '포토 아크'의 수립자이다.《내셔널 지오그래픽》외에 잡지《오듀본(*Audubon*)》,《스포츠 일러스트레이티드(*Sports Illustrated*)》,《스미스소니언(*Smithsonian*)》, 일간지《뉴욕 타임스(*New York Times*)》, 그리고 수많은 책에도 사진이나 글을 실어 왔다. 그는 세계를 누비고 다니다가 아내 캐시와 세 자녀가 있는 미국 네브래스카 주 링컨의 집으로 돌아갈 때면 늘 행복하다.

해리슨 포드 Harrison Ford

서문을 쓴 해리슨 포드는 국제 보전 협회 이사회에서 25년 동안 일해 왔고 현재 부회장으로 활동하고 있는 열정적인 자연 보호론자이다. 자연 보전이 국제적으로 실패한 것과, 이 실패가 국가 및 경제 안보에 미치는 위협, 이 둘 사이에 직접적인 관련이 있음을 정부와 재계 지도자 들에게 인지시키는 데 주력하고 있다. 그는 이렇게 믿고 있다. "인간의 안녕은 우리를 존재하게 하는 자연에 달려 있다. 자연은 인간이 필요하지 않지만 인간은 자연이 필요하다. 생존하려면, 그리고 번성하려면."

더글러스 채드윅 Douglas H. Chadwick

서문을 쓴 더글러스 채드윅은 로키 산맥에서 산양, 그리즐리불곰, 오소리, 흰줄박이오리를 연구한 야생 동물 생물학자이다.《내셔널 지오그래픽》의 지원을 받아 히말라야 산맥 고지대부터 콩고 분지와 오스트레일리아 그레이트배리어리프까지 다니며 취재한 언론인으로, 수백 건의 잡지 기사와 13권의 책을 썼다. 미국 서부와 캐나다의 야생 동물 서식지를 보호하는 보전 지역 신탁 기관인 바이털 그라운드 재단(*Vital Ground Foundation*) 이사회의 창립 회원이며, 전 세계의 보전 사업에 재정을 지원하는 리즈 클레이번 아트 오튼버그 재단(*Liz Claiborne Art Ortenberg Foundation*)의 자문 위원으로도 활동하고 있다.

감사의 말

이 지면에다 어떻게 말 그대로 수천 분께 감사의 인사를 할 수 있을까? 이는 불가능한 일이다. 그러는 대신 나는 이렇게 전하려 한다. 그들이 존중하고 성실히 돌보는 동물들을 여러 해에 걸쳐 촬영할 수 있게 허락해 준 동물원과 수족관, 야생 동물 구조 센터, 개인 번식가 들에게 감사한다. 여러분이 사는 지역에 이런 곳이 있다면 절실한 도움의 손길을 건네시라. 이런 곳들은 대부분 멸종 위기의 최전선에서 악전고투하고 있다.

'포토 아크'에 재정적으로 후원을 해 준 많은 협력자께 감사한다. 이름을 다 소개하지 못해 유감스럽지만, 개인 기부자부터 내셔널 지오그래픽 협회, 야생 동물 보호 협회(Defenders of Wildlife), 해양 보존 협회(Oceanic Preservation Society), 국제 보전 협회, 국립 오듀본 협회(National Audubon Society) 등의 임직원까지.

아울러 과학 자문가인 피에르 드 샤반(Pierre de Chabannes)부터 조엘 사토리 포토그래피(Joel Sartore Photography)의 직원까지, 수년간 한결같이 이 프로젝트에 공력을 쏟은 분께도 감사한다. 그리고 우리 가족이 함께해 온 시간의 적어도 절반을 나 없이 잘 견뎌 낸 아내 캐시, 딸 엘런(Ellen), 아들 스펜서(Spencer)에게 감사한다. 다른 누구보다 많은 시간을 나와 함께 길에서 보낸 아들 콜에게도 감사한다. 끝으로, 나에게 자연에 대한 사랑을 심어 주고 근면의 가치를 일깨워 준 나의 부모님 존 사토리(John Sartore)와 샤론 사토리(Sharon Sartore)에게 감사드린다. 덕분에 나는 한발 앞서 출발할 수 있었다.

여러분 모두에게도 깊이 감사한다.

— 조엘 사토리

흰얼굴소쩍새
(northern white-faced owl, *Ptilopsis leucotis*, LC)

동물 찾아보기

이 책에 실린 순서대로 각 종의 일반명, 사진 촬영지, 촬영지 웹사이트를 나열했다.

1장 닮은꼴

그물무늬기린(reticulated giraffe, *Giraffa camelopardalis reticulata*, LC)

퀴비에난쟁이카이만(Cuvier's dwarf caiman, *Paleosuchus palpebrosus*, LC)

피그미늘보로리스(pygmy slow loris, *Nycticebus pygmaeus*, VU)

코알라(koala, *Phascolarctos cinereus*, VU)

훔볼트펭귄(Humboldt penguin, *Spheniscus humboldti*, VU)

포사(fossa, *Cryptoprocta ferox*, VU)

'포토 아크' 프로젝트에 대하여 등

추가 도판 저작권

삼색다람쥐(Prevost's squirrel, *Callosciurus prevostii*, LC)

옮긴이 **권기호**

서울 대학교 수의학과를 졸업하고 (주)사이언스북스의 편집장을 지냈다. 현재 도서 출판 공존에서 좋은 책을 기획하고 만드는 일을 하고 있다. 번역서로 『생명의 편지』, 『나는 어떻게 만들어졌을까?』, 『인체 완전판』(공역), 『현대 과학의 여섯 가지 쟁점』(공역) 등이 있다.

Photo Ark

by Joel Sartore

포도 아크
사진으로 엮은 생명의 방주

1판 1쇄 펴냄 2019년 8월 15일
1판 4쇄 펴냄 2023년 7월 15일

지은이 조엘 사토리
옮긴이 권기호
펴낸이 박상준
펴낸곳 (주)사이언스북스

출판등록 1997.3.24.(제16-1444호)
(06027) 서울특별시 강남구 도산대로1길 62
대표전화 515-2000, 팩시밀리 515-2007
편집부 517-4263, 팩시밀리 514-2329
www.sciencebooks.co.kr

한국어판 ⓒ National Geographic Partners, LLC., 2019.
Printed in Seoul, Korea.

ISBN 979-11-89198-57-2 04470
ISBN 979-11-89198-60-2 (세트)

옮긴이의 말

알면 사랑하고, 사랑하면 공존한다

내가 사는 수리산 자락에는 골짜기로 길게 들어앉은 널따란 공원이 있다. 입구에 "초막골 생태 공원"이라는 커다란 글자들이 솟대처럼 늘어서 있다. 그 아래 간판에는 금두꺼비 머리 같은 황금빛 부조가 정면을 응시하고 있다. 공원 안으로 들어가면 송아지만 한 금두꺼비 형상 대여섯 개가 번쩍번쩍 우람하게 엎디어 있다. 그런데 알고 보니 금두꺼비가 아니라 맹꽁이란다. 저 위쪽에 가면 맹꽁이만을 위한 "맹꽁이 습지원"도 있단다. 귀한 몸이 되신 맹꽁이가 초막골 생태 공원을 대표하는 상징이란다.

아무리 그렇다고 해도 웬만한 사람은 저 형상을 보고 첫눈에 금두꺼비라고 오해할 법하다. 인간은 '금'을 욕망한다. 그래서 '금두꺼비'를 만들어 냈고, 흑갈색이 아니라 금빛으로 치장된 맹꽁이를 보고도 '금두꺼비'이기를 무의식적으로 욕망한다. 또한 인간은 '금'을 욕망하느라 두꺼비도 맹꽁이도 무참히 희생시켰다. 이제는 둘 다 멸종 위기에 처해 있으며, 자연에 존재했던 실제 황금두꺼비(golden toad, *Incilius periglenes*, EX)는 이미 한 세대 전에 절멸했다.

공원 초입에 있는 맹꽁이 조형물을 옆에서 보는 것과 정면에서 보는 것에는 큰 차이가 있다. 옆에서 보면, 나는 그저 지나가는 구경꾼이거나 방관자일 뿐이다. 하지만 정면에서 보면 약간 긴장하면서 눈부터 마주 보게 된다. 마주 봄으로써 관계가 맺어지고 인연이 엮인다. 방관자가 아니라 당사자가 된다. 뭔가 교감이나 대화를 나눠야 할 것 같은 기분도 든다.

조엘 사토리의 『포토 아크』에 승선한 동물들은 대부분 카메라 쪽 정면을 응시하고 있다. 그래서 그들과 시선을 마주하는 나는 그들을 아주 자세히 살펴보게 되고, 그들과 무언의 대화를 나누게 된다. 인간의 개체수 급증과 욕망 때문에 그들이 겪어 온 수난과 고통을 생각하게 되고, 장차 그들의 존재가 어떻게 될지 걱정하게 된다.

'우리 인간들 때문에 얼마나 힘들고 아프고 슬프니? 미안해. 정말 미안해. 이제 안 그럴게. 잘할게. 진심이야. 부디 우리 곁에 계속 있어 줘.'

이런 독백을, 방백을 그들이 알아듣더라도 과연 믿어 줄까? 그들을 지키는 것은 곧 우리 모두를 지키는 일이다. 우리는 그들이 있어서 존재할 수 있고, 자신의 존재를 제대로 인식할 수 있다. 철학자 도나 해러웨이(Donna J. Haraway)는 "우리는 자기 자신을 돌아보기 위해 동물 거울을 닦는다."라고 말했다. 동물이기도 한 인간이지만 다른 동물 없이는 온전한 인간일 수 없다. 맹꽁이가 사라지면 인간은 맹꽁이가 된다.

『포토 아크』에 실린 사진이 영정 사진이 아니라 멋들어진 초상으로 영원히 남기를 바라며, 이 중요하고 어려운 '포토 아크' 프로젝트를 지금도 사력을 다해 이끌어 가고 있는 조엘 사토리에게 감사의 인사를 올린다. 아울러 이 책에 등장하는 수많은 동물의 우리말 이름을 하나하나 찾아서 확인하고 원서의 오류까지 바로잡아 준 서울 대공원 동물 기획과의 장현주 선생님과, 복잡한 편집 작업을 정확하고 철저하게 진행해 준 (주)사이언스북스 편집부에도 깊이 감사드린다.

2019년 7월 산본에서